テールフィン時代のアメリカ車

GP企画センター 編

グランプリ出版

■読者の皆様へ■

第二次世界大戦後のアメリカ車、特にテールフィンの流行した時代に登場したモデル変遷について、入門書といえるような書籍は多くない状況があります。日本の自動車愛好家のなかでも、終戦を経験した世代の方々はアメリカ車への造詣が深い方が比較的多く、それ以降の世代の方々は、むしろ欧州車への興味が強い傾向があるのも、その一因かもしれません。しかしながら、自動車の歴史において重要なテーマであることに間違いはなく、その足跡を残しておこうと企画されたのが、本書です。

本書は、『テールフィン時代のアメリカ車』（2001年7月25日初版発行）を底本として、内容の再検討ならびに、新たに32ページのカラー口絵を追加して、1950年代を中心としたアメリカ車の変遷を、当時のカラーカタログを中心として紹介した、増補二訂版です。
今回の増補・改訂作業に当たっては、歴史考証家の當摩節夫氏に多大なるご協力をいただきました。記載内容の確認にご協力いただいたのをはじめ、口絵作成においては掲載資料の選択から執筆までをご担当いただきました。ここに厚く御礼申し上げます。

本書をご覧いただき、内容および数値などに関してお気づきの点などがございましたら、該当する資料を添付の上ご指摘いただければ幸甚です。今後の増補・改訂の際などに反映させていただきます。

グランプリ出版　編集部　山田国光

はじめに

　21世紀になって、環境への配慮がより重要になっており、クルマの動力源についても、さらなる効率の向上は必須となっている。こうした流れと対極にあったクルマとして、ここに取り上げた1950年代を中心としたアメリカ車がある。無駄な装飾とガソリンをこぼして走るとまでいわれた燃費のよくないクルマの代表であった。この時代のアメリカ車は、過去の遺物として否定的にとらえられているようだ。

　確かに、ビッグスリーが競ってクルマを大きくし飾り立てて、ユーザーの欲望を煽り、買い換えを促すことでメーカーは巨大な利益を上げた。

　フォードがT型で大量生産体制を確立し、その先のシステムとして量産しながら多様化あるいは差別化に対応する方法をGM（ゼネラルモーターズ）が軌道に乗せた結果の行き着くところが、テールフィンにシンボリックに表現されたアメリカ車だった。周到に生産コストを抑制しながら、他のクルマより魅力的にするデザインに力が入れられた。

　デザインプロセスやスタイルのあり方だけでなく、生産効率の良さや他車との差別化などの手法は、多かれ少なかれ日本のメーカーが、実力を付けて10年とか20年後に採り入れて成功を収めている。日本は、生産方式に関してはアメリカから学び、さらに改良して効率のよいものに仕上げた。

　アメリカは、この時代の成功があまりにもすばらしいものであったせいか、その先に進むべきシステムや方法をうまく見つけることができずに右往左往してしまったようだ。最近の例でもSUVやミニバンのブームになると、それらを集中して販売し、景気の良さに助けられて利益を上げた。しかし、その先への見通しを立てていないために、販売が鈍るとまたぞろ工場閉鎖とレイオフというリストラを図るしかなく、同じ失敗を繰り返しているように見える。

　クルマに合理性を求める人たちは、今さらテールフィン時代のアメリカ車に何の関心も抱かないかも知れない。しかし、こんなに"脳天気"にデザインで他車と差別化を図ろうとしてエネルギーが使われ、それが形で残っているのを振り返ることはかなりおもしろいことであるという思いで本書がつくられた。自由に楽しんだり、批判したり、懐かしんだりしてほしいと願っている。

　最後になったが、本書をつくるに当たっては、各インポーターの広報部から資料の提供をいただいた。また、中沖満氏、畔柳俊雄氏、桂木洋二氏からも資料の提供やご指導を受けた。ここに感謝の意を表したい。

カタログでたどる
テールフィン時代のアメリカ車

　いま、街でアメリカ車を見かけることは多くない。だが、かつては違った。1945年に日本が戦争に負けると、進駐軍、軍属およびその家族たちが持ち込んだアメリカ車が街にあふれた。クルマが庶民のものではなかった時代、馬車が闊歩していた街にやってきた華やかなアメリカ車を、驚きと羨望のまなざしで眺めたものであった。

　当時のアメリカ車は個性的で、一目でどこのブランドか分かったし、毎年モデルチェンジをして顧客の購買意欲に刺激を与えていた。1950年代のアメリカ車のデザイントレンドとして、第一に挙げられるのがテールフィンであろう。GMのハーリー・アール（Harley J. Earl）率いるアート＆カラーセクションが1948年型キャデラックに採用したのが始まりで、1950年代中ごろから終わりにかけて、ほとんどのアメリカ車に採用された。後にGMデザインのチーフとなったウイリアム・ミッチェル（William L. Mitchell）は、1948年型キャデラックのテールフィンについて「初めてクルマの後部に明確な意義を与えた」と語っている。

　ここでは、1948年から1950年代のアメリカ車のテールフィンの変遷について、当時のカタログと広告でたどってみる。当時のカタログには、商品のすばらしさを訴求するための表現が自由にできる、イラストレーションが多用されており、毎年大きく変化するスタイルを、魅力的なイラストで表現したカタログや「ライフ」「コリアーズ」「サタデイ・イブニング・ポスト」などの雑誌を飾る広

告がつぎつぎと生み出されていた。

　テールフィンのほかに、1950年代のデザイントレンドとして、ハードトップとラップアラウンドウインドシールドが挙げられる。また1950年代はステーションワゴン普及の時代でもあった。フォード、シボレーのステーションワゴンの生産比率は、1950年代中ごろまでは1〜2％に過ぎなかったが、1950年代終わりには18〜19%を占めるまでに普及している。理由としては、スチールボディー化によるメンテナンスフリー、戦後のベビーブームに伴う需要増、生活様式の変化、メーカーによる拡販活動などが考えられる。

　1950年代は、アメリカ車が最も豊かで、輝いていた時代であった。

解説：自動車史料保存委員会　當摩節夫

1948年　キャデラックにテールフィン登場

初めてテールフィンを付けて登場した1948年型キャデラック。ロッキードP-38ライトニング戦闘機にインスパイアされたと言われ、上段の60スペシャルモデルのリアフェンダー前方には、P-38のラジエーター用空気取り入れ口を連想させる、垂直の"空気取り入れ口"が付くが、これはダミーである。シリーズ61と62（下段イラスト）は60スペシャルと異なるボディーサイドデザインが採用されている。

1948年型キャデラック75には、まだ戦前のボディーがマイナーチェンジされて継続使用されていた。75モデルが戦後型ボディーをまとうのは1950年型まで待たねばならなかった。

1939年に登場し、アメリカ車にテールフィンをはやらせた、ロッキードP-38ライトニング。第二次世界大戦全期間において活躍した。

A distinguished Sport Coupe
for a Discriminating Clientele

The Coupe de Ville, Cadillac's newest car—a sport model—has been especially designed for those who drive the finest possible automobile combining the smart, low-swept lines of a convertible with the comfort and convenience of a closed car.

Coupe de Ville interiors strike a new note in smart sophistication—always, of course, in the impeccable taste which is traditional with Cadillac. The combination cloth and leather upholstery is severely, yet beautifully tailored. Exposed top bows are in chrome finish. An impression of bright airiness is afforded by exceptionally generous window areas, narrow corner pillars and the newly styled rear window which forms a crescent extending the full width of the rear top area.

The look of a convertible...
the luxury of a limousine...

The BUICK RIVIERA
with DYNAFLOW DRIVE

One look tells you: here is something really new in motorcars and really beautiful.

For the Riviera is a completely new body type, conceived and styled by Buick for those who want the cars look of a convertible with the more and safe comfort of a fine sedan.

It has the swift, sleek greyhound lines that give sportive dip and zest to the convertible—but with a permanent crown of solid, sturdy steel overhead.

Visible is practically that of an open car: as broad is your outlook through the Riviera's big, curved windshield, its generous side windows without door-posts, and an inspired treatment of the rear window area.

Interior luxury is nearly limitless—with push-button hydraulic controls to raise and lower all windows and adjust the front seat, gleaming chrome crossbows of the exposed brass-type across the top lining, and the most superlative fabric and finish ever to grace a Buick.

And as brilliant and outstanding as its beauty is the performance of this completely smart automobile. For the Riviera comes on the Roadmaster chassis, as pictured opposite.

The Roadmaster Riviera has Dynaflow Drive as standard equipment and a 150-horsepower Fireball straight-eight engine.

We at Buick present the Riviera with as much pride as you will take in owning it.

戦後初めて登場したハードトップ。1949年型キャデラック・クーペドビル（上）、ビュイック・リビエラ（中）、オールズモビル・ホリデイ（下）。キャデラックとオールズモビルには新開発の5.4L Ｖ8 OHV 160馬力が積まれ、これが口火となって馬力競争が始まることになる。ハードトップについては、クライスラーが1946年に発表し、カタログも作られたが、わずか7台生産して中止してしまった。ビュイックにはこの年からボディーサイドにポートホールが付くようになった。

NEW *"Holiday"* COUPÉ

Hold fast to your heart when you meet this one! You'll see the most dramatic of Oldsmobile's Futuramics—the smartest looking car on the road—the Holiday Coupé. Freedom and fun and the open road beckon the master of this glamorous car. Look at those lines . . . low, lovely and luxurious—a new basis for beauty in motor cars!

But it's not only the ultra-advanced design—the superb sweep of the flowing Futuramic lines that distinguish this beautiful car. For this is a "Rocket" Engine car—more active than your imagination—free and fleet and so vibrantly alive—that you can't believe it until you try it! So for the finest "Holiday" you've ever known, see and drive the newest Futuramic—Oldsmobile's Holiday Coupé!

FUTURAMIC
OLDSMOBILE

"Rocket" Engine and Hydra-Matic Drive standard equipment on this brand new Futuramic model.

PRODUCT OF GENERAL MOTORS

1950年　ビュイックがバンパーグリル採用／キャデラックがフルモデルチェンジ

1950年型ビュイックには初めてバンパーとグリルが一体となった「バンパーグリル」が採用された。"反歯グリル"などとやゆされ1年でやめてしまった。9本並んだ縦のバーはバンパーにボルト止めされているが、互換性がなく部品管理上の苦情が多かったようである。

1950年型キャデラックはシリーズ60スペシャル、62、61が統一されたデザインとなり、さらに下段のシリーズ75も戦後型となって、テールフィンが付いた。価格はシリーズ61が2761〜2866ドル、62が3150〜3654ドル、60スペシャルが3797ドル、75が4770〜4959ドルであった。

はじめに

　私の本業は自動車ジャーナリストです。ではなぜ、自動車ではなく自転車、それもロードバイクに関する書籍を書いたのか不思議に思われる読者もおられることでしょう。それには2つの理由があります。

　私が中学生の時に日本でロードバイクブームが起こり、父にねだって買ってもらい、毎日のように乗っていました。そして高校生になりオートバイ、社会人になってクルマに乗るようになって一時は自転車から遠ざかったものの、MTBの流行で再び自転車に乗るようになり、都内の移動に自転車を活用するようになりました。そこから再びロードバイクに乗るようになって以来、人類が発明した中でも最も効率の高いモビリティと言える自転車に魅了され、クルマと併用しつつロードバイクを愛用するようになりました。これが1つめの理由です。

　2つめは、ロードバイクには、極めて緻密なメカニズムと高価な素材や最先端の素材がふんだんに使われており、理系の自動車ジャーナリストである私の興味を非常に惹きつけました。取材をしていくなかで、ロードバイクの素材や製法について、もっと注目してもよいのではないかと感じました。なぜならロードバイク関連ではフィジカル面を解説した書籍は数多くありますが、ロードバイクの素材や製法について解説した書籍はあまり見かけなかったのです。よって、本書の執筆に思い至りました。

　ロードバイクの高性能ぶり、スポーティなルックスに魅せられている方々に、もっとロードバイクの「機械的魅力」の奥深さを知っていただきたい。そんな思いを込めて、本書を書き上げました。あまり難しくならないよう、中学生の方でも興味があれば理解してもらえる内容にしています。

　本書をきっかけに、先端素材や機械工学の世界にも興味をもっていただけたら、それは著者冥利に尽きるというものです。

高根英幸

第1章

ロードバイク
の歴史

第2章

ロードバイクの
エネルギー効率は
どれくらい高いか

第3章

ロードバイクの
カーボンフレームが
もつ可能性

第 10 章
コンポーネントの
進化の歴史

第 11 章
ホイールの歴史と
近年の進化ぶり

ロードバイクの各部名称

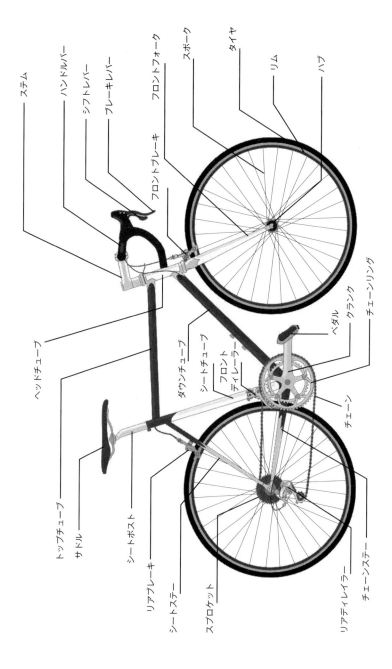

ステム
ハンドルバー
シフトレバー
ブレーキレバー
フロントフォーク
スポーク
タイヤ
リム
ハブ
フロントブレーキ
ヘッドチューブ
ダウンチューブ
シートチューブ
フロントディレーラー
ペダル
クランク
チェーンリング
チェーン
トップチューブ
サドル
シートポスト
リアブレーキ
シートステー
スプロケット
リアディレイラー
チェーンステー

第1章

ロードバイクの歴史

1 ▶ 自転車の誕生
　～競技によってロードレーサーへ発展

　自転車がこの世に生まれたのはクルマより早く、今から200年前と言われている。1816年に誕生したドライジーネと呼ばれるその乗り物は、ほとんどが木製で、まだホイールを駆動するシステムがなく、またがって足で地面を蹴ることで進ませるものだった。

　それでも、当時の駅馬車と50kmの競争をして勝利したという記録もあり、37kmを2時間半で走り切ったとも言われている。

　当時の駅馬車は、多くの人を乗せて運ぶ列車のような役割であり、決して速い乗り物ではなかったが、それでも人力で長距離を馬車よりも速く移動できたことは、早くも自転車としてのポテンシャルの片鱗を感じさせたようだ。

　ちなみに、このドライジーネは、ドイツの発明家、カール・フォン・ドライス男爵が考案したものだが、そのきっかけとなったのは、インドネシアのタンボラ火山が1815年に大噴火を起こし、その噴煙が欧州の空まで覆って、

図1−1
日本の自転車文化センターが所蔵するドライジーネ。後に再現されたレプリカだが忠実に複製されており、誕生当時の仕様を知ることができる。ほとんどの部品は木製で、足で地面を蹴って進むものだが、時速12kmで走行できたと言われている。
画像提供：自転車文化センター

世界的に日照時間が減少して牧草が成育不良となって、馬が飼料不足で減少してしまったことだった。馬を乗り物として使えなくなったために、足で蹴ってバランスを取りながら進むドライジーネが考え出されたのだ。

　しかもこのドライジーネは、イタリアの芸術家レオナルド・ダ・ヴィンチのスケッチブックに挟まっていた、彼の弟子が描いたと思われる乗り物がヒントになったと言われている（諸説あり）。15世紀頃にダ・ヴィンチらがイメージした乗り物が、400年の時を経てようやく現実の自転車の祖となったのである。

図1-2
同じく自転車文化センターが所蔵するペニー・ファージング型。1870年製である。クランクが直接
ハブを回す構造の時代は、ギアが存在しないため、速度を高めるためにどんどんホイールが大きくな
り、ペダルに足が届く限界であるこのサイズまで拡大されたのだ。走行には介助が必要だったと言わ
れているが、それでも走り出しはペダルが重く加速には相当な脚力が要求され、速度が上昇してから
は転倒しないようバランスを取りながら漕ぎ続けて進ませるため、これで競技を行なうのは相当なテ
クニックが要求されたことが想像できる。
画像提供：自転車文化センター

クランクによりホイールを駆動する自転車が登場するのは、1861年になってからである。しかも前輪のハブに直接クランクが取り付けられ、クランク1回転で車輪も1回転するシンプルな構造だった。

　発明したフランス人のピエール・ミショーに因んでミショー型と呼ばれたこの自転車は、さらに効率を高めようとフロントタイヤの大径化が進んでいった。

　ペニー・ファージング型（以前はオーディナリー型という名称もあり、当時の日本ではだるま型と呼ばれた）と呼ばれるタイプは、最終的には今日のロードバイクのタイヤである700C（直径670～680mm）の倍以上の、直径で1.5mを超える大きさにまでフロントタイヤが大径化していった。つまりホイールの中心にクランクを取り付けて漕ぐことができる限界まで大径化されたのだ。

　しかし、いかに車輪を大径化しても、重心が高くバランスを取ることが難しくなれば不安定になり、走行速度は限られる。

　しかも、万が一転倒すればサイクリストの頭部は2.5mもの高さから振り落とされることになってしまうため、非常に危険な乗り物と化してしまった。

　それでもそのスタイルで時速40km以上のスピードで競い合っていたと言われているのだから、当時のロードレース選手たちのバランス感覚と度胸には恐れ入るばかりである。

　リアタイヤをチェーンで駆動する、今日の自転車に近い構造に進化したのは1879年のことで、英国のヘンリー・ジョン・ローソンが考えたこの自転車はビジクレットと名付けられ、後のBicycleの語源となったと言われている（語源については諸説あり）。

　チェーン駆動によってクランクとリアホイールにそれぞれ取り付けられたスプロケット（クランク側はチェーンリング）に歯数の差を与えることにより、クランク1回転でホイールを1回転以上回すことが可能になり、ホイールの大径化は必要なくなったため、27～28インチに落ち着いていった。

　今日のロードバイクの直接の祖と言える自転車が登場したのは、1880年代の終わり頃である。イタリアのビアンキは、1885年にミラノで自転車作りを

図1-3
英国で誕生したセーフティ型自転車によって、自転車は革新的な進化を遂げる。チェーンを介して後輪を駆動することにより、クランクの回転数と後輪の回転数に差を付けることが可能になった。写真は1886年製のセーフティ型自転車。
画像提供：自転車文化センター

　始めているが、1889年のロードレースに参戦しているビアンキの自転車は、ダイヤモンドフレームに下向きにカーブしたドロップハンドルを備えていた。ビアンキが考え出したかは定かではないが、世界最古の自転車ブランドと言われるビアンキだけに、この頃にロードレースに参加している自転車は、レーサーとしての造形を明確に示していたのである。
　ここからロードバイクの進化が始まる。

2 ▶ 軽量化を追求して
　　構造や素材が進化

　構成する素材によってロードレーサーを軽量化するという考えは、かなり古くからあった。特殊な例では、マグネシウム合金をフレーム素材に用いたスーパーライトという自転車が、今から150年前に製作された記録もある。チタンフレームのロードバイクも1970年代にはフランスで作られている。

　当初のロードレーサー用フレームは炭素鋼の鋼管を使用し、直接パイプ同士をガス溶接でつなぎ合わせていたようだ。つまり、それほど薄いパイプを使っていなかったと思われる。当時はフレームの強度はロードレースに耐えられれば良いというものであり、実戦を重ねながら徐々にパイプの薄肉化、合金鋼の強度などを試していくような開発が行なわれていたのである。

　おそらくレースを走り終えたロードレーサーは、その後の練習にも使われ、強度や剛性の低下をチェックして耐久性を計っていたのだろう。それを繰り返すことでロードレーサーに最適な強度や剛性、耐久性をもち軽量な仕様へと駄肉が削ぎ落とされていったのだ。これは職人のフレーム作りの技術と、経験による見当が実現させていたことは間違いない。もちろん強度不足による破損、選手が剛性不足を訴えることもあったであろう。

　そんな試行錯誤や手探りの開発を繰り返すことでロードレーサーは進化していったのだ。

　1905年から1910年頃のロードレーサーを見ると、シンプルな形状ながらすでにラグ（継手）を使っていた。

　フレームパイプの薄肉化は、その時点で始められていたわけである。この頃から英国では、後に有名なパイプメーカーとなるレイノルズの創設者であるアルフレッド・レイノルズが関わっていた可能性が高い。

　彼は、英国で自転車製造がブームになるや、薄肉パイプをつなぎ合わせる

図1-4
1909年のトラック競技でのスナップと思われる写真。すでにフレームにはラグが使われており、ドロップハンドルと、今日に続くピストバイクの構成が完成されていたのが分かる。シューズもトゥークリップとストラップでペダルと固定されている。

ためのラグや、薄肉パイプの継手部分の強度を高めるために内側にもう1本パイプをライナーとして組み込む手間を省いた、端と中央で厚みの異なるバテットチューブを考案したのである。これは、厚みや強度のバラツキが少ないシームレスチューブの開発と相まって、フレームの剛性と軽量性が格段に向上したことに貢献した。

　素材も炭素鋼からマンガンやクローム、モリブデンといった元素を添加することで剛性を高めた合金鋼が次々と開発され、ロードバイクの特性に沿った優れたチューブがいくつも生み出されていった。この時代からすでにロードバイク用の素材は、普通の自転車や工業製品とは明らかに差別化されてい

たのである。

パイプ材メーカーとして有名なイタリアのコロンバスは1919年に創業され、すぐにビアンキなどがその優れたパイプを採用し始めた。

チューブの内側にら旋状のリブを入れて、重量増を抑えながら剛性を高める特殊な加工も、コロンバスによって考案され、バテットチューブや合金鋼と組み合わされて、優れたフレーム用パイプが生み出されていくのである。

1920年代にはシームレスなパイプと凝った造形のラグによるフレームが作られており、この頃からフレームビルダーたちは装飾を兼ねて自分たちのブランドをアピールすることを意識し始めていたことがわかる。

そこからは、ロードレースの発展とともにロードバイクは着実に進化していく。ブレーキ、変速機といった機構部分は後述するが、フレームの素材も合金鋼や断面形状といった要素は常に工夫が繰り返されていったのである。

ロードレースは機材スポーツとはいえ、選手の体力、能力、精神力が勝利を大きく左右した時代ではあったが、優れた職人によって組み上げられたロードバイクは名選手とのコンビネーションにより、幾多の勝利を上げて名声を獲得していく。

イタリアの名門部品メーカー、カンパニョーロにより変速機やブレーキをシステム化したコンポーネントという概念が登場するまでは、ディレイラーはフランスのユーレイ、ブレーキはマファックといったように、個々のパーツを手がけるメーカーやブランドを組み合わせてロードレーサーを組み上げるのが一般的であった。

1970年代までは、ロードバイクの進化のスピードは比較的緩やかであった。しかし、着実に速さや快適さを高めるための工夫は重ねられていった。

3 ▶ 日本における
ロードバイクの歴史

　ロードレースは欧州では非常に人気の高いスポーツであり、日本でも1895年に初めてトラック競技が開催されて以来、全国で新聞社などが主催するロードレースが開催されている。それに伴い、1920年には丹下がロードレーサーフレーム用のチューブの生産を開始している。すでに日本でも戦前に、ロードレーサーを素材から作り出していたのは驚きである。現在は台湾に本拠地を移しているとはいえ、丹下は日本が誇るパイプメーカーであることは変わらない。

　今や日本国内で唯一のチューブ生産を行なっているカイセイも、前身は1944年に神奈川県に設立された石渡製作所であり、そこで生み出された名作チューブを現在のカイセイが受け継いでいる。

　戦後は復興事業として公営ギャンブルの競輪が派生する一方で、トラック競技が開催され、競技としてのロードレースも確立されていく。

　趣味としてのロードバイクは、日本では贅沢品としてなかなか普及しなかったが、高度成長期のサイクリングブームによって本格的なスポーツサイクルの人気が高まり、「ロードレーサー」や「スポルティーフ」「ランドナー」といった、目的に合わせたロードバイクのバリエーションが広がっていった。

　1970年代後半になって、ロードレーサー用はチューブラーだけだったタイヤも、WO（ワイヤーオン＝チューブ入りでタイヤのビード部にワイヤーが入っている一般的なタイヤ）で細い700C規格の導入によって、パンク修理が容易になったこともあり、ロードバイクを乗り回すハードルが下がった。

　溶接やパイプ切断の機械さえあれば、あとは職人の腕次第で優れたフレーム、サイクリストの体格や好みに合わせたフレームを作り出すことができるようになり、日本でもチューブやラグを使って、ロウ付けでフレームを製作

図1-5
1964年、東京オリンピックでの自転車競技のために製作された国産のロードレーサー。実際には予備車となったが、その仕様を見ても当時すでに高い完成度を誇っていたことがわかる。ここから20年ほどは変速段数が増えた程度で、基本的には同じ仕様のまま作られ続けていったのである。
画像提供：自転車文化センター

するフレームビルダーが増えていった。

これにより、オーダーメイドのフレームを作ることが一般的なものになってきたため、ロードレーサーの趣味性はますます高まっていった。

その一方で、自転車メーカーがロードバイクのラインナップを増やし、比較的手頃な価格にまでロードバイクの市場が広がっていった。

これにより、中学生でも手が届くようになったことなどから、ロードバイクブームが起こる。

図1-6
ナショナル（現パナソニック）が販売していたスーパーカー自転車。前輪の両側に付いたヘッドライトとトップチューブのシフトレバー、テールランプなどが特徴で、スポーツサイクルとしては、重量は重くなってしまうが、当時の少年たちの憧れの自転車であった。
写真：筆者撮影

　これは戦後のサイクリングブームよりも数段大きなムーブメントであり、雑誌など情報の充実もあって、趣味としての入り口がグンと広がっていた。ようやくスポーツ車を庶民が手に入れられるようになったのは、この時期からと言ってもいいだろう。

　そんなロードバイクとは別のスポーツ車として1970年代当時、セミドロップハンドルのスポーツ車にディスクブレーキやブレーキランプ、ウインカーやクルマのAT風のシフトレバーなどを備えた「スーパーカー自転車」が登場し、中高生の憧れの的となる。こちらはダイヤモンドフレームに外装変速機を備えるなど、スポーツ自転車としての要素もあったが、フレーム素材は普通鋼などで電装品を搭載していることから、乾電池を使用することもあって、重量も重くなる。それに伴って強度を確保するために、さらに重くなるとい

図1-7
MTBは山道を走り回って遊ぶサイクリストたちが作り上げたものだが、当然オンロードも走れる。ロードバイクほど走行抵抗は少なくないが、道を選ばず走り回れるスポーツバイクとして定着した。
写真：筆者撮影

う悪循環もあって、スーパーカー自転車はとてつもなく重くなってしまい、もはやスポーツ自転車とは呼べないほどのスペックと走りになってしまった。

　それでも当時の少年たちには憧れの自転車であり、その眼差しはやがてロードレーサーへと向けられるようになるのである。

　カンパニョーロと日本の自転車パーツメーカーであるシマノが、それぞれコンポーネントを登場させたことにより、機能性は高まったが、ブレーキ、ディレイラー、クランク、ヘッド小物、BB（ボトムベアリング）といった各パーツに特化したメーカーが、豊富なバリエーションとこだわりの高級品を用意することで、マニアの欲求を満たしていた部分も大きかった。

　日本においてもそのような傾向は同様で、前述のオーダーメイドフレームに思い思いのパーツを組み込んで、その乗り味を楽しむファンたちが増えて

図1-8
カーボンフォークやカーボンフレーム、サドルなどの性能向上により走行抵抗を抑えながら衝撃吸収
性も高まり、今日のロードバイクは一般的な体力の持ち主であれば、半径30〜50km程度の移動に使
える乗り物になった。
写真：筆者撮影

きていた。

　しかし、日本の道路事情はロードレーサーを走らせる環境としては適しておらず、ブームは徐々に収縮していく。その後、走破性に優れるMTBなど異なる自転車が登場して人気が急上昇したことで、ロードバイクはまたも下火になってしまった。

　こうして、欧州と比べると地味ではあったが、これまで何度か日本でもロードバイクはブームが起こり、ファンを確実に増やしてきた。

　ここ10年ほどは人々の健康志向の影響もあって、再び人気が盛り上がり、かつてのブームでロードバイクに乗っていた青年が、今では金銭的に少し余裕のあるシニア層になり、高価な欧州ブランドのカーボンロードバイクを都心で走らせる姿を見かけるようになった。

　また、クルマやオートバイの競技のためのサーキットが、レース人気が下火になったこともあり、ロードバイクによるレースにも利用されることになったことで、近年はサーキットでの耐久レースなど、アマチュアレーサーが仲間とチームを組んでホビーレースを楽しめるような機会も増えた。

　日本だけに限ってみれば、原則車道走行を義務付けている法律が、ようやく周知されることで、ロードバイクが再び注目されてきた。震災などによる交通機関停止のリスクや、健康ブーム、クルマに代わるパーソナルモビリティとして、高効率な自転車であるロードバイクが見直されてきたのだ。

　その一方で、自転車レーンの整備など、既存の道路インフラに対応しきれていない問題もあり、クルマなどとの快適な共存には、時間がかかりそうだ。これにはドライバーの理解とサイクリストのモラル徹底も課題となっている。

第2章

ロードバイクのエネルギー 効率はどれくらい高いか

1 ▶ ロードバイクほど 効率の高い 乗り物はない！

　自転車は人類が発明した中で、最もエネルギー効率が高い乗り物と言える。では、実際にはどれくらい効率が高いかは、ご存知だろうか。

　ガソリンなどの燃料を使ったクルマや飛行機、船などと比べて、はるかに高い効率を誇っているのは当然だが、自転車は1km走るのに4kcalしか必要としない。何と徒歩よりも4倍も効率が良いのである。

　しかもこれは一般的な自転車による数値で、ロードバイクとなるとさらにエネルギー効率は高くなる。

　ただし、クルマや飛行機の技術革新はここ20年ほどで目覚ましいものがあり、特に燃費改善に関しては格段の進歩を遂げている。また、こうして図を見てみると、空を飛んでいる旅客機の燃費が意外と良いことに気付いた人も

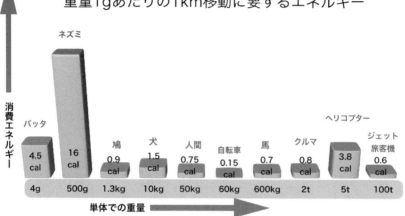

エネルギー効率の比較
重量1gあたりの1km移動に要するエネルギー

図2-1
重量1gあたりの1km移動するために必要なエネルギーを比較したグラフ。動物でもエネルギー効率から見ると低いものもあり、そうした種は1日の摂取エネルギーも体重から見ると比較的大きい。
図：自転車博物館サイクルセンターHPの情報を参考に作成

多いのではないだろうか。

　ヘリコプターは、飛び続けるためにはローターを回転させて機体を浮かび続けさせなければいけないので、あまり効率は良くないのだが、飛行機は速度を出すことによって翼に揚力が生じるので、速度や高度が上昇してしまえば、飛び続けることで効率が高まる。

　さらに、高度1万m近くの上空では空気が薄いことから、空気抵抗も少なくなる。これによって燃料の消費を抑えて、飛び続けることができるようになるのだ。

　しかもロードバイク同様、航空機もアルミ合金からカーボンファイバーへとメイン素材を転換することにより、大幅な軽量化と造形の自由度が高められることで快適性の改善が図られており、燃費は20％も向上している。ただし航空機は一度にたくさんの人間を運べることによって、エネルギー効率を

大幅に高めている。これはあくまで乗車定員で比較しているので、実際には乗客が満席でなければ大きく効率が落ちるということでもある。

　ともあれ、自転車による移動のエネルギー効率の高さは圧倒的なのである。

　その上、自転車のエネルギー効率が高いのは、移動の際のことだけではない。人間一人だけを運べるパーソナルな乗り物のため、本体も最小限の部品構成で小型軽量になっているのも、自転車の特徴と言える。

　素材の製造から廃棄されて、リサイクルされるまでのライフサイクルアセスメントで考えたとしても、他の乗り物よりもはるかに環境に対する影響は少ないと考えることができるのだ。

　もちろん購入価格はクルマよりは安く（それでも100万円越えのロードバイクはざらにあるが……）、燃料は自分の筋肉中にあるグリコーゲンであるから、電車での移動と比べても交通費は確実に安いことは確実だ。クルマは購入後、その価値がどんどん目減りしていくし、乗らなくても税金や保険などの維持費用がかかる。ロードバイクなら、駐車場代もかからない（ただし雨風しのげる置き場所は必要だ）し、税金はゼロ、保険もクルマやオートバイに比べれば格段に割安なのである。

2 ▶ 一般的な自転車である　　ママチャリとの比較

　日本では、自転車と言えば、まずはいわゆる「ママチャリ」を思い浮かべる人が多いのではないだろうか。ママチャリとは、前カゴが付いて湾曲したハンドルがついた22〜26インチホイールを備えた自転車のことだ。主婦層が買い物に便利なように開発されたことから、ママチャリと呼ばれるようになったのだが、ダウンチューブが1本で緩やかにカーブして、スカートでも乗降性を高めている、実用性の高い自転車である。ママチャリとは呼ばれていても、老若男女幅広い人に利用されているのは、手ごろな価格と使い勝手

の良さが重宝されているからだろう。

　とはいえ、近所の買い物に最適な自転車は、半径5km圏内の移動には便利でも、それ以上の距離となると時間もかかり、疲労も大きく増えていく。何より、サドルにどっかりとお尻を乗せた姿勢では、1時間も座っていたらお尻が痛くなってしまう。前述の1kmあたり4kcalという数値も、のんびり走っている状態のもので、実際にはそれほど長距離を移動することは、考えられていない。

　それに比べ、ロードバイクは一日100〜300kmを走行することを前提に作られている自転車のため、慣れれば一気に30〜50kmくらいは誰でも走れるようになる。全身の筋力でペダルを踏み、力へと変換できる姿勢や装備は、ロードバイクならではの機能と言えるだろう。

　ママチャリの乗車姿勢は、どっかりとサドルに体重をかけて、ハンドルには手を添えるだけ。軽いギアを回し、のんびりと周囲を眺めながら走る仕様だ。これは一見、楽なように思えるが、このライディングポジションでは、長時間の走行には全く向いていない。お尻に足以外の体重が集中してしまうため、たちまちお尻が痛くなってしまうし、上半身の筋力を、ペダルを踏み込むために利用できないからである。

　それに対し、スポーツバイク、とりわけロードバイクのライディングポジションは、何よりもペダリングの効率を最重視したものとなっている。負荷の高い状態では腕まわりの筋肉や腹筋、背筋など全身の筋肉を使ってペダルを回すことができる。

　そのために、ハンドル、サドル、ペダルの3点を結ぶ三角形は、乗る人の体格に応じて最適化する必要があるのだ。これをもとに、フレームのデザイン寸法（スケルトン）が決定され、必要な強度と剛性を与える設計が成されて、製作されるのである。

　ロードバイクは、フレームサイズによって適応身長が定められている。MTBでもある程度は決まっているが、ポジションの自由度が高く、サドルやハンドルの調整範囲も広いため、1つのフレームでかなり幅広い体格のライ

ダーをカバーするようになっている。ただし、ロードバイクもスローピングフレームを採用することで、フィッティングの自由度が高くなり、フレームサイズのバリエーションを減らすようになってきた。

これは、生産性を高めるためのメーカー側の都合も大きな理由であるが、高性能化していくロードバイクの価格を低く抑えるためにも、必要な手段と言える。

それでも、ロードバイクは人間がエンジンとなって、完全に一体化するようなフィッティングが求められることに変わりはない。

重いギアを無理なく回すには、関節の可動範囲だけでなく、筋肉が効率良く力を発揮できる角度の範囲に設定することが重要だ。どの筋肉をどう使えば、最も速く安定したペダリングが行なえるか、ということなどは、ペダリングの効率を追求した専門書に詳しく書かれているので、ここでは詳しい解説は省く。

ともかく、フィッティングにより、ロードバイクは乗る人間の能力を最大限に引き出せるのである。

また、ペダルに踏み込む力が入りやすい、ということは体重がペダルとハンドルに分散されるため、お尻に体重があまり掛からないので、ロードバイクの場合は小さく硬いサドルでも長時間の走行ができる。

したがって、ロードバイクは、ママチャリのようにゆっくりのんびり走行するようなサイクリングには、あまり適していない。短時間であれば、そのようなポタリングも可能だが、ロードバイクの場合、常に足に体重をかけていないと、すぐにお尻が痛くなってしまうからだ。自然と走行速度は高めになることになり、運動強度が高まるため、実際の消費カロリーは1km走行あたり30kcal程度になるようだ。

海外では一般的な自転車（日本のママチャリに相当）とロードバイクの効率を比較した実験のデータがある。

この図を見るとわかるように、一般的な自転車（ママチャリ）では、100Wのパワーで漕いだ時のスピードがおよそ5m/s（時速18km）なのに対し、ロード

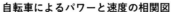

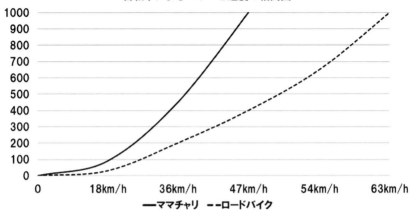

図2-2
ママチャリとロードバイクの速度とパワーの相関図。速度が上昇するほど空気抵抗が増えるため、それ以外の効率が高くても出せる速度の差が少なくなっていくが、ロードバイクでは1000Wのパワーで漕いだとしてもママチャリより4割以上も高い速度を出せる。
表：David Gordon Wilson『Bicycling Science』（The MIT Press; third 版）を参考に作成

バイクではおよそ8m/s（時速29km）と、実に6割もスピードが高まる。これは、そのままエネルギー効率の高さに置き換えることができる。

3 ▶ 速度を出すほど安定する
　　 高重心デザイン

　ロードバイクの車輪の大きさは、その走行速度にも関係している。下り坂では100km/hに達することもあるほどの高速域では、軽量なだけでなく、走行安定性の高さも求められるからだ。前後の車軸間の長さであるホイールベースを伸ばすことも安定性を高める対策となるが、車体を大きく長くすることは、剛性確保のために、重量がかさむことになってしまう。
　ロードバイクのフレームは、ライダーが無理なくライディングできるとと

もに、前後のホイールがピッタリと収まるように、できるだけ短いホイールベースに設定されている。

それでも、求める特性によって、リヤ三角の長さを変えたり、ヘッドチューブの角度、フロントフォークの角度やオフセットを調整したりして、乗りやすさや安定性と、キビキビとした動きのバランスを取っている。それら各部のミリ単位の調整により、結果としてホイールベースも変化することになるのだ。

そして、ロードバイクの大径ホイールは回転することによって生じるジャイロ効果で、その姿勢を維持しようとする働きが起こるために、スピードを出すほどに安定する傾向がある。

しかも、超軽量なロードバイクは、運動性能にも優れている。クルマやオートバイでは、車体の重心によって運動性能が大きく左右されてしまうが、そもそも小さく軽いロードバイクでは、サイクリストの身体のほうがウエイト全体に占める割合がはるかに大きいので、自分の体重移動や操作に対する反応が鋭く、そうしたアクションが動きに大きな影響を与えるのだ。

とはいえ、一流のロードレース選手は、わずかな重量差でも敏感に感じ取って、操縦性の変化に気付くというから、感覚の鋭さも選手に求められる才能のひとつと言えるだろう。

4 ▶ ジョギングなどと 運動強度と効率を METsで比較

ロードバイクの効率の高さは、運動強度という面からも判断することができる。運動強度はMETsという規格を利用することで他の動きと比較することが可能だ。

これは、平静時を1.0として、どの程度運動強度が高いか、数値で示しているもので、体重や運動した時間と掛け合わせることで、消費カロリーを算出

メッツ（METs）	大項目	個別活動
3.5	自転車	自転車に乗る：レジャー、8.9km/時
5.8	自転車	自転車に乗る：レジャー、15.1km/時
6.8	自転車	自転車に乗る：16.1 - 19.2km/時、レジャー、ゆっくり、楽な労力
8.0	自転車	自転車に乗る：19.3 - 22.4km/時、レジャー、ほどほどの労力
10.0	自転車	自転車に乗る：22.5 - 25.6km/時、レース、レジャー、速い、きつい労力
12.0	自転車	自転車に乗る：25.7 - 30.6km/時、レース／ドラフティングなし、または30.6km/時以上でのドラフティングあり、とても速い、レース全般
15.8	自転車	自転車に乗る：32.2km/時より速い、レース、ドラフティングなし
8.5	自転車	自転車に乗る：19.3km/時、サドルに座る、ブレーキに手をかける、またはドロップハンドルに手をかける、ペダル毎分80回転
9.0	自転車	自転車に乗る：19.3km/時、立って漕ぐ、ブレーキに手をかける、ペダル毎分60回転
6.0	ランニング	ランニング：6.4km/時、107.3m/分
8.3	ランニング	ランニング：8.0km/時、134.1m/分
9.0	ランニング	ランニング：8.4km/時、139.4m/分
9.8	ランニング	ランニング：9.7km/時、160.9m/分
10.5	ランニング	ランニング：10.8km/時、179.7m/分
11.0	ランニング	ランニング：11.3km/時、187.7m/分
11.5	ランニング	ランニング：12.1km/時、201.1m/分

図2-3
ロードバイクとジョギングなどの運動強度と効率をMETsで比較した表。ややロードバイクの運動負荷が重めに設定されている印象はあるが、それでもランニングとの効率の差は圧倒的だ。メッツの数値から平常時の負荷である1を差し引き、体重（kg）を掛けたものが、1時間あたりの消費カロリー（kcal）の目安となる。
表：国立健康・栄養研究所が作成した改訂版「身体活動のメッツ（METs）表」を参考に作成

することができるもの。日常生活での運動強度やスポーツの種類による運動強度を把握しておくことで、程良い運動を日常的に続ける目安になる。

　このMETsで見ると、ロードバイクによる運動は、8.0〜16と負荷やペースによって数値が変わるが、ジョギング〜ランニング（フルマラソン3時間ペース）とほぼ同レベルとなっている。

　しかし、同じ消費カロリーで、ジョギングでは8kmしか距離が進まないのに対し、ロードバイクでは、20kmと2.5倍も距離を走ることが可能なのであ

図2-4
首都圏の河川土手にはサイクリングロードが整備されており、休日ともなると多くのサイクリストが
ロードバイクによる走行を楽しんでいる。ランニングも愛好家は多いが、運動強度が高い割に関節へ
の負担が少なく、移動距離も大きなロードバイクは、運動と移動を同時に実現できる効率の良さも魅
力である。
写真：筆者撮影

る。これも、ロードバイクの効率の高さと言うことができる。

　なおかつ、筆者のように首都圏内の交通手段としても使うことができれば、
運動しながら移動できる。

　しかも、ジョギングは走るほどに、着地する足から衝撃が身体に伝わり、
踵や足首、膝や腰などの関節を痛める可能性が高くなってしまう。ロードバ
イクもポジションやビンディングシューズのクリートが合っていない状態で
無理をすると膝を痛めることはあるが、衝撃は少ないので、関節にはずっと
優しいのも大きなメリットだ。

　趣味としてランニングを続けるには、あまり練習しすぎないようにするこ
とも肝心であるが、ロードバイクなら、走りすぎて身体を壊す、ということ
はあまりないと考えられる。

図2-5
ガソリン1Lで20km以上は確実に走るシリーズハイブリッドの日産ノートeパワーは、エコカーとして高い環境性能を誇るが、ロードバイクのエネルギー効率には敵わない。天候や目的に応じて、こうした乗り物を使い分けることがこれからの時代、必要になるのではないだろうか。
写真：筆者撮影

　ペダルを踏む力の強さや上り坂などの負荷を調整することで、有酸素運動と無酸素運動を切り替えることも可能だ。最近のダイエット理論では、筋力をつける無酸素運動と脂肪を燃やす有酸素運動を組み合せることが推奨されているが、ロードバイクなら、これ1台で両方の運動をしながら移動できてしまうのである。

第3章

ロードバイクのカーボンフレームがもつ可能性

1 ▶ 形状（構造）と素材がフレームの特性を決定づける

　ロードバイクの走りは、フレームの特性が大きく影響する。オートバイやクルマと異なり、フレームが全体の構造を支えるだけでなく、サスペンションやステアリング機構も兼ね備えている。

　MTBのようにサスペンションが備わっている自転車であれば、サスペンションの仕様によっても走行特性は大きく変化するが、ロードバイクは走行のすべてがフレームに集約されている。したがって、フレームの素材が違えば、構成するその他の部品が同じでも、まったく異なる乗り物と言ってもいいほど、特性は大きく変わる。

　ダイヤモンドフレームは、力学上、最も効率のいい形状である。三角形にパイプを組むことで、外力を分散して受け止め、パイプに対して曲げ応力が

図3-1
ラグにより接合されたクロモリフレームの例。溶接技術が現在ほど高くなかった時代に考案され、1980年代まで長く使われた技法である。現在では手間が掛かり、価格が上昇してしまうため、クロモリフレームでもラグレスが一般的になりつつある。
写真：筆者撮影

発生しにくいとする、極めて合理的な構造である。だからこそ、100年以上もほぼそのままのデザインで作られ続けているのだ。

　ロードバイクは長い間、スチール製のパイプをラグと呼ばれる継ぎ手にロウ付けすることで、パイプ同士を接合する製法を用いていたため、ダイヤモンドフレームは製作しやすいだけでなく、軽く強靭で、サイクリストの体格に合わせてサイズを調整しやすいなど、利点も多い。現在もクロモリ鋼製フレームでは、この伝統的な製法も受け継がれているが、溶接技術が向上した現在は、スチール製でもパイプ同士を直接溶接するラグレスフレームも広く使われるようになった。

図3-2
ブリヂストンは、クロモリフレームの接合部をラグのように圧延加工することで、ラグのように溶接面積を増やし、さらに、断面形状を膨らませることにより、フレーム剛性を高めて、軽量化も実現するネオコットという技術を開発し採用している。
写真：筆者撮影

　厳密に言えば、CFRP（カーボンファイバー強化プラスチック）製のフレームは、シートチューブのない平行四辺形、あるいは、V字を横倒しにしたような形状のモノコック構造のほうが、空力面から考えれば高性能なロードバイクとしやすい。かつてはそうした変形フレームも登場したが、欧州のロードレースを運営する国際自転車競技連合（UCI）のレギュレーションでダイヤモンドフレームの骨格が義務づけられたこともあり、現在は姿を消している。

　しかしCFRPによるモノコック構造のフレームは、造形の自由度が高く、軽量高剛性だけでなく、乗り心地や空気抵抗など、ロードバイクに求められる要素を高次元で実現させやすく、近年はその進化が著しい。すでに軽量性

図3-3
ヘッドチューブとトップチューブ、ダウンチューブを一体で成形したモノコックフレーム。カーボン
ファイバー製ならではの構造だ。軽量で高剛性、近年は空気抵抗を意識したデザインも取り入れられ
ている。
写真：筆者撮影

については、レギュレーションの下限を超えることが可能となっているため、
その他の要素で性能を高め、ライバルとの差別化を図るようになってきたの
が最近の傾向だ。

2 ▶ カーボンフレームは
自由自在に
特性を設計できる

　ロードバイクのフレームとして主流になりつつあるCFRP製フレームで

あるが、メーカーやブランドによって、様々なデザインのフレームがラインナップされている。

まず、オールラウンド型からレース用やロングライド用、エアロロードなど求める特性によって構造がデザインされ、グレードによって使われる製法やカーボンファイバーの弾性率が選択される。

当然のことながら、弾性率が高いカーボンファイバーを使えば、薄く強靭な構造が得られるため、軽いフレームを作ることができる。しかし、競技用では剛性と軽さを最優先して設計されるが、硬すぎても振動の吸収性に問題があることから、乗りにくく疲れてしまう。そのため、競技の目的やサイクリストの体力やスキル、好みに応じて剛性を調整するのである。

また、軽量に仕上げるためには、素材や製法にコストを掛けるだけでなく、製作過程の作業もより繊細さが要求され、手間も掛かるだけでなく、完成品の歩留まりも悪くなる。これがコストを押し上げる原因にもなっている。

すでに自動溶接も可能となったアルミフレームは、材料を寸法通りに圧延や切断などの加工を行ない、ジグに固定することにより、生産の半自動化も実現できるが、カーボンファイバーを素材に用いたフレームは、ほとんどが熟練した作業スタッフの手作業によって成り立っているため、なかなか作業工程の自動化は進まない。

とくに、高性能な軽量高剛性のフレームとなると、繊細な作業が要求されるため、さらに技術レベルの高い職人による作業となるので、生産台数も限られ、価格も高価なものになってしまう。

設計段階での特性を決めるアプローチすら、カーボンフレームとその他の金属フレームでは、全く異なる。

金属フレームの場合、形状や板厚によって強度や剛性が決まり、特定の方向だけ剛性を高め、別な方向は衝撃吸収性を高めるといった異方性を追求するのは難しい。しかし、積層構造であるCFRPは、カーボンファイバーの弾性率や繊維の方向を変えて重ねることにより、狙った方向だけに柔軟性を与えることも可能なのである。

ロードバイク用フレーム素材における主な素材の比較

素材	メリット	デメリット	ロードバイクフレーム素材としての将来性
スチール	比較的安価で強度が高く、加工性も良い。添加物による合金化により特性を大きく変化させることができる。靭性に富み、振動吸収性に優れたフレームを作り出すことが可能。	比重が高く、薄肉化しなければ重量が重くなる。腐食に弱いため、表面処理を行ない、保管場所などにも対策が必要となる。	○
アルミニウム	安価で軽量、腐食に強く加工性も高い。形状の工夫と合金化により強度や剛性を高めることができる。	靭性が低く硬いため、強度を確保すると剛性も高まり、衝撃吸収性が低下する。強度の余裕が少ないと、長期的な使用では剛性が低下する。	△
ステンレス	錆に強く、薬品などの影響も受けにくい。硬く強靭で、磨いた金属表面のままを仕上げとすることも可能。	硬く強靭なため、ロードバイク用フレームとしては薄肉となり、溶接が難しいなど高度な加工技術を要する。	○
マグネシウム	比重が軽く強度が高い。構造を工夫することによって軽量で構造性なフレームを製造することが可能。	腐食に弱く、燃えやすい。合金化により改善が進むがアルミより高価なため、自転車用としては採用が難しい。	△
チタン	錆に強く、強度が高い上に比重がやや低めで、軽量なフレームを作ることが可能。剛性は鉄ほど高くないため、振動吸収性の高いフレームを作ることもできる。	切削、圧延、溶接などの加工性が悪く、素材としても精錬コストが高いため、どうしても高額になる。	◎
カーボンファイバー	比強度に優れ、積層を工夫することにより剛性と振動吸収性など相反する能力を両立させることができる。高弾性素材を用いることにより、超軽量なロードバイクを作り出すことも可能。	材料コストが高く、成形に手間が掛かる事から生産性が低い。設計の要素が複雑で、成形も作業員のスキルで仕上りが大きく左右する。	◎

図3-4

現在、ロードバイクのフレーム素材においてはアルミニウム合金とカーボンファイバーが主流であるが、今後はカーボンファイバーを用いたCFRP製フレームの生産コスト圧縮により、さらに比率が高まると予測される。タイヤのサイズアップによる振動吸収性向上はアルミ合金製フレームに対してもメリットとなるが、CFRP製との性能差は著しく、今後も二極化が進むだろう。マグネシウムは軽量高剛性で魅力ある素材だが、フレームに用いられる可能性は低く、部品レベルで鍛造製品が導入されると思われる。チタン、クロモリ系スチール、ステンレスは金属素材の魅力を訴求することで、長く愛用するマニアに支持される傾向は今後も続くだろう。

ただし、そのためには、異方性を考慮した剛性の設計をキチンとすることが重要になってくる。金属フレームと比べると、設計の難易度が格段に高まるのも、カーボンファイバー製フレームの特徴と言える。

　今日では、コンピュータ上でモデル化することにより、実際に試作品を作らずとも仮想空間上で強度試験ができるCAE（数値化シミュレーション）技術を用いて、フレームのどの部分にどれくらい応力が発生するか、設計の時点で、事前に解析することが可能だ。しかし、複合素材を積層して狙った特性に仕上げるには、エンジニアの知識と経験が不可欠である。CFRPの設計の最適化技術については、まだまだ開発途上であると言える。

3 ▶ カーボンフレームは 高価なものほど 優れているか

　カーボンフレームのロードバイクは高いものほど軽く、剛性も高いため、単純に高価格なロードバイクほど高性能で誰が乗っても一番のパフォーマンスを引き出せると思われがちだ。しかし剛性が高いということは、それだけ振動の吸収性は限られる。

　もちろん競技用フレームでも走行中の衝撃などの振動の吸収性は考えられているが、それよりも重視されているのは、走行時の安定性と駆動損失の少なさだ。

　トップレベルの選手達はとにかくパワーロスを減らし、軽量で安定性の高いフレームを要求するからである。したがって、体力や脚力がプロほどではない人間がプロ並みの機材を使うと、走行中の振動がペダルやハンドルを通じて伝わってきて、疲労が蓄積してしまうこともある。プロと同じ機材を所有する喜びを否定はしないが、脚力に合ったフレーム剛性を選んだほうが、怪我なども少なく、タイムなどの速さも向上する。

　結局は体力やスキルに応じてカーボンフレームをグレードアップするほう

図3-5
フレーム単体で1Kgを切れば十分に軽量だが、最軽量クラスとなると700gを切るものもある。これらは競技のために極限まで軽量化されており、性能は素晴らしいが、サイクリング用として長く使う用途にはあまり向いていない。耐久性は低価格なカーボンフレームやアルミフレームのほうが優れる場合もあるのだ。
写真：筆者撮影

が、快適で楽しいロードバイクライフを送ることができると言えるだろう。

4 ▶ カーボンフレームに
　　寿命はあるか

　自転車雑誌などの記事を見るとカーボンフレームは一生モノだという意見もあるが、実際にはそれは難しい。損傷を受けなければ、見た目の形状は半永久的に維持できると言っていい。しかし、本来の性能を半永久的に維持できる訳ではない。

　カーボンファイバーという素材自体の振動吸収性などを考えれば、通常の使用であれば、たぶん一生乗り続けても問題ないほどの剛性を確保できるが、実際には確実に強度や剛性は低下していくものだ。

ブリヂストンアンカーチームの実験によれば、プロのロードレース選手達は、１シーズン使ったフレームと新品のフレームを乗り比べると、その違いがわかるらしい。しかも、その新旧のフレームは、強度試験などを行なって剛性をチェックしても違いが出ないほど、測定限界以下の違いしかないにもかかわらず、である。

　機械による計測は厳格で精度が高い反面、測定限界というものがどうしても存在する。それに対して、人間の感覚は、単一のモノを評価する場合は体調や走行条件による印象が評価に大きく影響するが、２つのモノを比べるような場合、時に人間の感覚は機械以上に鋭く正確なことがあるのだ。

　それでも、カーボンフレームの実際の性能低下はアルミやクロモリ、チタンなどと比べるとずっと少ないのは事実である。金属は、振動を受け続ければ金属疲労という現象が起きて、剛性や靭性が低下し、やがては破断してしまう。とくに、靭性の少ないアルミは、剛性の低下も著しく、ロードバイクのフレームとしての旬は短い。錆には強いが、本来の性能を維持できる期間が短いとなると、実はコストパフォーマンスはあまり高くないフレームと言えるかもしれない。

　アマチュアの競技用として考えれば、どの素材を選んでも２〜３年くらいで交換するのが一般的なようだが、カーボンフレームは５〜６年は本来の性能を概ね維持できていると言われている。

　カーボンファイバー製のフレームの場合、気をつけなければいけないのは、樹脂の劣化による強度の低下である。

　樹脂は、紫外線や経年変化による劣化が避けられないので、樹脂が劣化することによりフレーム自体の強度が低下することがある。それを防ぐために、塗装やコーティング、日除けなどで紫外線から保護することが重要だ。しかも、紫外線による樹脂の劣化は１年で10μmと言われているので、0.1mmの厚さまで劣化するのに10年ほど要すると思われるため、20年程度は実用上問題ない強度を維持できるようだ。

　また、高弾性カーボンを使ったフレームほど、薄く硬いので本来の使い方

による衝撃には強くても、想定外の衝撃や走行中に受ける以外の方向からの衝撃には弱くなる。立て掛けておいて、倒れた時に運悪くフレームに横方向から衝撃が加わっただけで、ポッキリと折れてしまうことがあるのは、このためだ。ある意味、上位機種ほどデリケートな使い方が要求され、耐久性も低いと思っていたほうがいいだろう。

5 ▶ カーボンフレームは 修理できるモノか

　前述のように、ロードバイクのフレーム設計はコンピュータ上のCADソフトにより行なわれていて、完成までにはCAEによって応力計算や強度検査などが実施されている。実際の製品もISOなどの安全基準にパスしているか、強度試験などが行なわれており、十分な強度をもっていることが確認されているものがほとんどだ。

　それでも、転倒したり、倒してぶつけてしまったりして、想定以上の衝撃、あるいは想定外の方向からの衝撃が加わってしまうと破断して割れてしまうことも珍しくない。その際、ダウンチューブなど大きな入力に耐える部分が損傷してしまったら、修理して使おうという人はまずいないだろうが、シートステーなど細く華奢な部分が外力によって壊れてしまった場合、修理して再使用したいと思う人もいるようだ。

　しかし、カーボンファイバー製のフレームは、入念な強度計算、応力の分析によって開発されているため、修理は非常に難しいと言える。

　カーボンファイバーの製品自体は、技術的には修理することは可能だが、ロードバイクのフレームの場合、あまりにも薄く軽量に作られているため、まったく同じように修理することは極めて難しい。

　部分的な補修を行なうと、その部分は周囲より頑丈になってしまうため、弱い部分に応力集中が起こり、該当する部分が破断してしまう可能性もある。

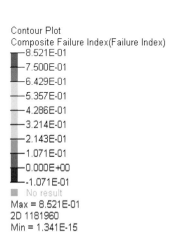

Contour Plot
Composite Failure Index(Failure Index)

- 8.521E-01
- 7.500E-01
- 6.429E-01
- 5.357E-01
- 4.286E-01
- 3.214E-01
- 2.143E-01
- 1.071E-01
- 0.000E+00
- -1.071E-01
- No result
Max = 8.521E-01
2D 1181960
Min = 1.341E-15
2D 1173189

図3-6

CFRPスペシャリストの1社である東京R＆DによるCFRP構造最適化技術での解析結果。十分に軽量で強靭なカーボンフレームでもこうした解析技術により、さらに軽量化、低コスト化が追求できる。このようにカーボンフレームは全体の剛性がバランスされているため、修理によって部分的に補強されてしまうと、その周辺に応力集中が起こり、破壊につながりかねない。
出典：東京R＆D

図3-7
カーボンフレームのオールラウンド型ロードバイクは、軽量かつ高剛性で衝撃吸収性にも優れるため、スピードや周回数を競う競技にも使え、ロングライドや街乗りにも十分耐えられる。極端に高剛性や軽量化を追求したモデルでなければ、耐久性も高く、手入れや保管環境に気を配れば長く乗り続けることも可能だ。
写真：筆者撮影

そのような点を考えるとクラックが入ってしまったカーボンフレームは、寿命を全うしたと思ってすみやかに廃棄するのが最善の方法である。

第4章

カーボンフレームに
使われる素材

1 ▶ カーボンファイバー
とは何か

　炭素は、様々な元素と結び付くことで、この地球上に存在している。二酸化炭素はもちろんのこと、鉄と結合することで炭素鋼、強靭さをもつ鋼（厳密には自然界で鉄は炭素と結び付いており、製鉄はそれ以外の不純物を取り除く工程であるが）になるほか、炭酸カルシウム（石灰）などの化合物としても利用されている。

　純粋な炭素は、ダイヤモンドや黒鉛に代表されるように、非常に硬く（分子同士の結合が強い）、耐熱性もあり、熱や電気の導体率が高いという特徴をもっている。ただし黒鉛は、横方向のつながりは強いものの、縦方向の分子はつながっていないため柔らかく、鉛筆の芯や潤滑剤などにも用いられる。

　カーボンファイバーは炭素を含んだ化学繊維という高分子素材をベースに、

その構造の結合を断ち切ることなく、無酸素状態で焼くことにより、炭素以外の元素を蒸発させることで、強固な繊維へと仕上げられるのである。その繊維は、炭素の結晶がつながって形成されているが、その結晶の精度が高く、製品の均一性が高いことから、優れた性能を引き出すことが可能となり、供給する製品も安定しているのである。

一般的なレベルのカーボンファイバーでも、90％以上が炭素で構成されているが、高弾性カーボンファイバーは、ほぼ100％炭素だけで構成されている。このため、材料であるアクリル繊維の品質も、高いレベルが要求されるのである。

カーボンファイバーは他の素材と比べ、高弾性で知られる素材だが、実際にはその他にも様々な優れた特性をもっている。

図4-1
素材としてのカーボンファイバーは、このように織物の状態になっている。目的に応じて弾性率、織り方の種類を選び、成形する形状や貼り合わせる構造によってシート状にカットして型に貼り込んで生産される。
写真：筆者撮影

例えば、カーボンファイバーは化学的特性にも優れており、耐薬品性が高く（実際には成形するマトリックス〈母材〉により大きく左右される）、熱膨張もほとんどないことから、精密性が求められるような部品の素材に用いられる。

　さらに、引っ張り強度の強さ以外にも、振動の吸収性、電導率、電波の遮へい性などが高いのが特徴である。しかも個々の特性はカーボンファイバーの種類によってもかなり上下するのも特徴で、目的に応じて使い分けられる。

　そのため、カーボンファイバーと一口に言っても、素材を提供するメーカー1社でも幅広い製品のバリエーションをもち、目的に応じて使い分ける企業に向けて販売しているのである。　日本製のカーボンファイバーが高品質と言われるのは、品質の管理によりこうした特性を正確に実現し、なおかつ安定しているからである。

2 ▶ カーボンファイバーにも 種類がある

　素材であるカーボンファイバーには、大きく分けてPAN系とピッチ系の2種類が存在する。どちらも石油由来の素材であるが、PAN系は、PAN（ポリアクリルニトロセルロース）というアクリル繊維を蒸し焼きにして、炭化したものだ。

　一方ピッチ系は、石油を蒸留して精製した時に、ガソリンや軽油などの燃料や潤滑油を取り出した残り、最後に残る粘度の高い残留物であるピッチを原料としている。アスファルト舗装などに使われるタールなどと同じもので、これを繊維化して蒸し焼きにしたカーボンファイバーが、ピッチ系カーボンファイバーなのである。

　CFRP（カーボンファイバー強化プラスチック）製品に一般的に使われているカーボンファイバーは、PAN系である。しかし、高弾性と呼ばれる非常に高い引っ張り強度を誇るカーボンファイバーでも、上位グレードはピッチ系が

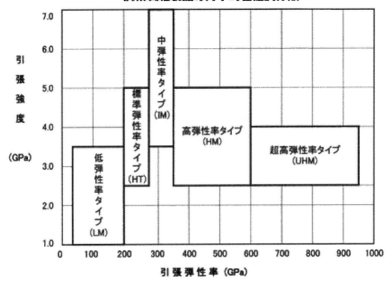

図4-2
カーボンファイバーの弾性率による分類表。高弾性であるから高強度ということではなく、中〜低弾性は柔軟な分、強度に優れている製品もある。
出典：炭素繊維協会（https://www.carbonfiber.gr.jp/material/type.html）

占める。

　しかし、ピッチ系は、様々な分子が混ざりあっている石油の残渣であるピッチを原料としている関係上、どうしても品質が不安定な部分が大きい。そのため、生産されるピッチ系カーボンファイバーの大部分は低弾性の短繊維として利用されているのだ。

　高弾性のカーボンファイバーを用いると、当然のことながら、フレームは強靭になるので、その分薄く軽く作ることも可能になる。ただし、高弾性になるほど振動の吸収性などは低くなり、ガラスのように硬く脆い特性へとなっていく。そのため、高弾性カーボンファイバーは、製作中の取り扱いもとてもデリケートなのである。しなやかさが低く簡単に折れてしまうため、成型には非常に気を遣う。

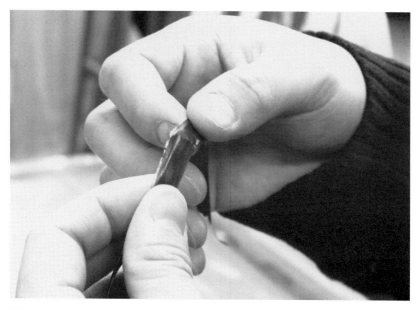

図4-3
高弾性カーボンファイバーは素材の状態で一度折れ曲がってしまうと、指で簡単に千切れてしまう。
材料コストも高いが、歩留まりが悪いため、競技用の高性能なカーボンフレームは高価になってしま
うのである。
写真：筆者撮影

　成型中にしわなどが入ってしまえば、その部分の引っ張り強度はもう期待
することはできない。したがって、高弾性カーボンファイバーは、使う部分
の形状なども考慮する必要があり、扱う作業者にも、熟練した技術が必要と
される。当然のことながら材料としても高価で、不良品などが発生するリス
クも高いため、でき上がった製品も高価なものになってしまう。
　また、高弾性カーボンファイバーは、成形時にも柔軟性が低いため、使用
できる形状に制限があるだけでなく、成形作業にも高い技術と細心の注意が
要求される。さらに、樹脂の含有量などもできる限り減らすよう工夫される
など、素材の原価が高いだけでなく、製品の歩留まりが低いため、価格は上
昇してしまうのである。

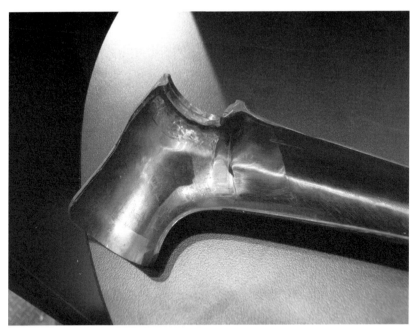

図4-4
完成したカーボンフレームを切断して内側の高い仕上がりを見せたもの。樹脂が表面に余っていると重くなってしまう。またカーボンファイバーが撚れていたり、シワが入っていたりするような状態では、強度や剛性が低下してしまう。
写真：筆者撮影

　近年、低価格帯のロードバイクにもカーボンフレームが普及し始めているが、これは、価格が安い中国製や韓国製などのカーボンファイバーを素材に選び、樹脂の含有量など、重量面での品質もある程度緩和して、生産性と特性のバランスをとることで低コストを実現させている。

　さらに、低価格なカーボンフレームの場合、製作する作業員の技術力もそれほど要求されず、歩留まりも良いため、量産効果により低価格が実現しているのである。

　したがって、軽量性という意味では、高価格帯のカーボンフレームには敵わないものの、中級グレード以下のカーボンフレームも十分に高性能で、耐

図4-5
カーボンの種類や繊維の方向を変えて重ねることにより、柔軟性や剛性などを望む方向にのみ働かせることが可能なのだ。カーボンファイバーを弾性率、織り方、積層の仕方によって特性が異なることを展示した見本。製品としての強度が変わるだけでなく、固有振動数も変化する。これは木琴の鍵盤として試作した展示品。
写真：筆者撮影

久性はむしろ競技用よりも高い場合もある。

　しかも、カーボンファイバーが強さを発揮するのは、繊維方向にかかる引っ張る力だけなので、金属のように板状にした場合、上下と前後では曲がりに対する強さがまるで異なる。

　金属でフレームを作る場合は厚さや形状で、強度（壊れにくさ）や剛性（変形しにくさ）が決まるが、カーボンファイバーは何層も繊維を重ねて樹脂で固めることにより成形するため、同じ形状や厚さでもカーボンの種類や繊維の方向を変えて重ねることにより、柔軟性や剛性などを望む方向にのみ働かせることが可能なのだ。

3 ▶ カーボンファイバー 以外の素材も 組み合わされる

　金属フレームの場合、パイプの厚みや断面形状を変えるなど、形状で工夫することしか基本的にはできないが、積層構造のカーボンフレームでは、弾性率が異なるカーボンファイバーだけでなく、そのほかの繊維系異種素材を組み合せることもできる。これによって、さらに幅広い特性を実現することが可能なのである。

　そのため、メーカーによっては、カーボンファイバーとは異なる高機能繊維であるアラミド繊維などを組み合せることによって、振動吸収性などをより高めるフレームを生み出している。アラミド繊維とは、高分子なナイロン繊維の一種で代表的なものにケブラーがあり、クルマのタイヤや航空機の胴体部分、さらには建築物の補強などにも使われている。カーボンファイバーやグラスファイバーが樹脂によって成形された状態で使われるのに対し、アラミド繊維は洋服などに使われる化繊などと同様、織物としても使われている（ロープや軍手など）。耐熱性や絶縁性などカーボンにはない特徴をもっていることもあり、幅広い用途で利用される。

　カーボンフレームのパイオニアでもあるフランスのタイムは、カーボンファイバーに独自開発したアラミド繊維バイブレーザーを組み合せることによって、剛性や重量を犠牲にすることなく振動吸収性を高めている。

　そのほか、スポーツ用品メーカーのヨネックスはロードバイクブランドとしては後発だが、ダウンチューブやシートステーに振動の吸収性に優れたチタン合金であるゴムメタルをCFRPと組み合せることで、軽量さと強度、そして乗り心地を高次元で両立させている。

　また、トップチューブやシートステーのCFRPに発泡ウレタンを挟み込むことで、重量を増やさずに剛性を上げる構造を取り入れているロードバイク

図4-6
韓国のWIAWISというメーカーが製作するロードバイクフレームの断面。カーボンファイバーの間に
発泡材を挟み込むことで軽量高剛性、振動の吸収性を高めている。
写真：筆者撮影

ブランドもいくつもある。

　同じカーボンファイバーを使っていても、成形の方法が違えば走って感じ
る剛性感や重量、強度なども変わってくる。コストや目指す性能、乗り味な
どを実現するためにロードバイクのメーカーは様々な技術や工夫を凝らし、
優れたカーボンフレームを生み出している。

4 ▶ なぜ日本製の
カーボンファイバーが
優れているのか

　前述のとおり、PAN系のカーボンファイバーは、PAN（ポリアクリロニトル）というアクリル繊維を蒸し焼きにすることで作られる。何度も温度を変えて蒸し焼きにすることで、純粋な炭素の結合による強固な結晶が形成される。　この製造過程での温度管理などに、日本の炭素繊維メーカーは特別なノウハウをもっているようで、他国メーカーの炭素繊維と比べ、結晶の均一性が非常に高いという。そのため、F1マシンや航空機、その他スポーツ機材など、ハイエンドな製品のCFRPには日本製のカーボンファイバーが採用されるケースが多いのである。

　機密性の高いF1マシンでは、わざわざ素材の調達先まで公開することはないが、工業製品であればその素材を公開することにもメリットはある。これは、高品質の証としてトップメーカーのカーボンファイバーを使用しているというアピールなのだが、そこにはいろいろ試してみたところ、やはり日本製のカーボンファイバーでなければ、この性能は引き出すことができなかった、という開発の背景が窺えるのである。

　ロードバイクのフレーム素材としては他にもチタンなどもあるが、中国製のチタンパイプは、やはり日本製と比べ純度や精度の点で今ひとつと言われている。同様に中国製のカーボンファイバーは安価ではあるが、精度が低く品質はそれなり、というのがこれらの素材を扱う職人やエンジニアの意見として多いようである。

　このあたりはやはり日本のモノづくりが培ってきた勘所やコツだけでなく、日本人特有のキメ細かい仕事ぶりが結果として製品に表われていると言えるのではないだろうか。

5 ▶ カーボンファイバーは　グレードにより　使い分けされる

　高弾性カーボンファイバーとして知られるピッチ系カーボンでも、繊維状にした上で蒸し焼きにされることで生産されるが、でき上がったものすべてが高弾性カーボンファイバーとして出荷できる訳ではない。

　というのも、生産現場では、すべてが均一な状態に仕上がっている訳ではないからだ。すべての条件が整った環境で作り出されたカーボンファイバーだけが、クロス（縦横の糸で織った織物）やUD（縦糸だけのテープ状の素材）などの長い繊維による織物に仕立てられるが、その基準から外れたカーボンファイバーや生産工程で発生する端材も有効に利用されているのである。

　こうした結晶の不均一なカーボンファイバーや端材は、短く裁断したり、粉末状にしたりすることで、別の用途に使われる。

　裁断されたものは、チョップドカーボンと呼ばれる素材となる。チョップドカーボンには端材やリサイクル材だけでなく、最初からチョップドカーボン用に生産されるものもある。炭素繊維のトップメーカーほどの高度な生産設備を必要とせず、求める性能を満たしたカーボンファイバーをより低コストで生産できるからである。

　チョップドカーボンは、熱可塑性樹脂と錬混されてペレット状にしたものが、金型を使用したインジェクション成形などの素材として利用されている。これはロードバイクのペダルやサドルのベースなどの素材として、すでに使われている。

　カーボンファイバーを扱う企業は、炭素繊維を生産するメーカー、そのメーカーから炭素繊維を仕入れて板材など汎用性の高い材料に加工する業種、炭素繊維あるいは成形品を使って商品に仕立て上げる業種があり、それらの一部だけを行なっている企業もあれば、全体を手がける企業もある。特殊な

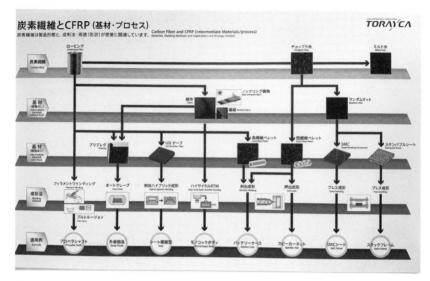

図4-7
カーボンファイバーのトップメーカーである東レが自動車部品関連の展示会でパネル展示したカーボンファイバーの素材としての種類と使われ方の例。
写真：筆者撮影

　用途のために専用のサイズや仕様のCFRPに成形し、機械加工を施すことによって複雑な形状や直接雌ねじを切って、部品を取り付けるケーシングを作成する業者も存在する。

　例えば、半導体の中核となるシリコンウエハーや大型液晶パネルを生産する装置で、製品を運ぶアームやハンガーなどに、軽量高剛性なCFRPが素材として使われている。

　カーボンファイバーの利用は、今や工業製品の幅広いジャンルにわたっており、ロードバイクを含むスポーツ用品は、その一部にしか過ぎない。しかしながら、趣味嗜好品であると同時に競技用として国際的な大会も多く、欧州では非常に高い人気を誇るスポーツであることから、ロードバイクに用いられるカーボンファイバーなどの技術は、とびきりの素材と製法がいち早く取り入れられているのである。

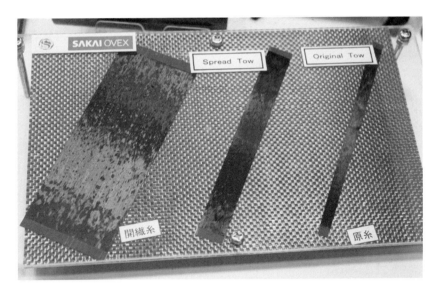

図4-8
一般的なUDとして供給されるトゥ（原糸）の状態が一番右で、中央がやや平らに広げたスプレッドトゥと呼ばれる状態。左が開繊によって最大限まで薄く広げられたカーボンファイバー。より薄く軽いCFRP製品を作ることを可能とする技術だ。
写真：筆者撮影

6 ▶ カーボンファイバーを
　　より軽く強くする
　　工夫

　カーボンファイバーという素材自体、生成時に結晶の大きさをより細かく、粒子を揃えることにより、高弾性という特性を得ることができるが、さらに、同じ弾性率のカーボンファイバーを用いても、より軽く強くするための技術も開発されている。

　開繊は、福井県が特許を保有する繊維加工の特殊技術で、一度撚られた繊維を平らに広げることにより、薄く幅広な断面にするものだ。そもそもは織物繊維のために開発された技術であるが、カーボンファイバーに用いると、1

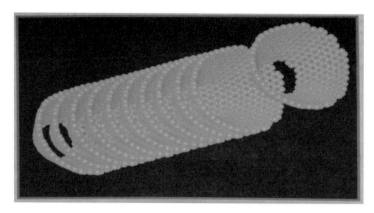

図4-9
カップ積層型カーボンナノチューブの配列。積層する数は利用目的により調整できるそうだ。1粒が
炭素分子1つなので実際には非常に微細な素材だが、CFRPの積層間強度は確実に高まるというデー
タがある。
写真：筆者撮影

枚のクロスを薄くすることが可能となり、樹脂の含侵性が高まることで、より立体的な造形にも対応できるなど成形性が向上し、ひときわ軽量で高剛性なCFRP製品を作ることが可能になる。

　現時点で、開繊カーボンをロードバイクのフレームに用いていることを明らかにしているのはドイツのフェルトだけだが、メジャーブランドのトップグレードで採用している可能性は高く、これからも採用が増える技術であるのは間違いない。

　成形時に用いるマトリックスである樹脂にも、補強のための素材が誕生している。CNT（カーボンナノチューブ）は、炭素分子をチューブ状につなげた高分子素材で、様々な分野で活用が期待されているものだ。

　このCNTでもカップ型を積層する、カップ積層型CNTという素材をCFRPのマトリックスに添加すると、カーボンファイバーの積層間やカーボンファイバーの繊維間に入り込んで強度を高める。

　とくに、積層したカーボンファイバークロス同士をつなぎ合わせて、積層間剥離を防ぐ効果が大きく、より大きな曲げ応力にも耐えることができるよ

図4-10
グラフェンをマトリックス（母材）に添加していることを表示しているカーボンフレームの例。グラフェンは高分子の炭素で、素材の強度を向上させるとして、タイヤなど幅広い分野で利用され始めている。
写真：筆者撮影

うになる。このカップ積層型CNTだけでなく、CNT自体が日本で開発された先端素材である。

　ちなみに、カーボンファイバーも1961年に大阪の通商産業省工業技術院大阪工業試験所（現産業技術総合研究所）が開発に成功した素材である。それより前の1959年に、米国でレーヨンをベースにカーボンファイバーを作り出すことに成功してはいるが、実用化されたものではない。

　大阪工業試験所が開発したPAN系だけでなく、ピッチ系も群馬大学が開発したものであり、現在使われている2種類のカーボンファイバーは日本で誕生し、進化してきた素材なのである。

　その根底には日本のモノづくりに対する熱心な探求心、長く繊維業を営んできたことによって培われたノウハウが生かされている。

図4-11
弾性率の異なるCFRPの成形品とアルミ合金を同じ板状にして、振動を与えた状態。高弾性のCFRP
ほど振幅が少ない。こうした特性はカーボンファイバーの弾性率だけでなく、張り重ねる向き、マト
リックス（母材）の樹脂の剛性によっても変わる。マトリックスを高分子素材で強化することは、破
壊強度を高めることにもつながる。
写真：筆者撮影

　このCNTと並んで、非常に強固な分子構造をもつ炭素がグラフェンだ。こちらはハニカム状に炭素をつなぎ合わせた高分子構造の炭素素材。CNTと同様、炭素の配列を工夫して優れた特性を発揮する。

　グラフェンはすでにCFRPのマトリックスに添加されるほか、タイヤの強化材として採用が進んでいる。

第5章

CFRPの製法の種類

1 ▶ カーボンモノコックでも、作り方はいろいろ

　カーボンフレームというと現在はモノコック構造のデザインが一般的になった。モノコックとは外殻構造、すなわち卵の殻のように全体に応力を分散して耐える構造である。これにより軽く強いフレームを作り上げることが可能となる。

　パイプフレームも中空なのでモノコックフレームに近い部分もあるが、継ぎ手部分に応力が集中してしまうことなどから、どうしてもその部分の強度を高める必要がある。そのため金属パイプ製のフレームは、パイプ両端の肉厚を増やし、中央部分を薄くしたダブルバテット、トリプルバテットといったパイプ構造を採用して、軽量化を果たすメーカーも多い。

　カーボンのモノコックフレームは、従来の継ぎ手部分を大きく外殻構造とすることで応力を分散させて、より軽く強い構造としている。同じようにダイヤモンド型のフレーム形状をしていても、モノコックとパイプフレームで

図5-1
サーベロのフレームのBBまわり。空気抵抗を意識しながらも大きく膨らんだ形状とすることで剛性を高めている。
写真：筆者撮影

はまったく違うと言っていいほど、設計に対する考え方が違うのである。

　BB（ボトムブラケット）まわりやヘッドパイプまわりの作りを見れば、そのような考えが理解できるだろう。特に近年のカーボンロードはBBまわりが大きなモノコック構造となっている。これにより、サイクリストの踏力をロスなく後輪へと伝える、強靱で軽量なフレームを実現しているのである。

　ロードバイクを始めとするスポーツバイクは、カーボンやチタンといった先端素材を利用することから、異業種から参入してくるケースも珍しくない。

　スイスのスコットは、そもそもスキーなどのスポーツ用品メーカーで、カナダのルイガノも同様にスポーツ用品のブランドである。英国のニールプライドはウインドサーフィンのメーカーとして培ってきたFRP（繊維強化プラスチック）技術をロードバイクに応用することで参入してきたという歴史がある。その他にもスポーツ器具メーカーでロードバイクも生産（OEMも含む）し

ているメーカーは欧米にはたくさん存在する。

　日本でもヨネックスがテニスラケットで培った技術を応用し、軽量なカーボンフレームを開発して参入してきた。ミズノもかつてはロードバイクのフレームを製作していたが、現在はフロントフォークだけを提供している。ゴルフクラブのカーボンシャフトメーカーであるグラファイトデザインも、以前はロードバイクを製作していた（現在は、自転車部門は廃止）。残念ながら日本でカーボンフレームを生産するのは人件費などのコスト高騰のため難しく、やはり台湾の自転車メーカーなどのOEM生産による供給が、不可避となっている。

　カーボンモノコックフレームを作り上げる製法にも、実は様々な種類がある。カーボンファイバーを成形したものはCFRP（カーボンファイバー強化プラスチック）という製品に分類される。これはFRPの一種で、最も一般的なのはグラスファイバーを使ったGFRP（ガラス繊維強化プラスチック）がある。これはガラスを細い繊維状にしたものを縦横編み込んだクロス状（不織布のような状態はマットと言う）にして、樹脂を含侵させて固めたもので、一般的にFRPと言えばこのGFRPのことを指す。

　カーボンファイバーは繊維なので、それ自体は引っ張り強度が強いだけの糸を織った布でしかない。樹脂で固めることにより、部品として機能するようになる。さらに、軽く強い部品とするためには、カーボンファイバーの特性を生かした用途や形状にすることが大事だ。

　実際にはカーボンファイバーを使って成形品を作り上げるには、もっと製法に種類があり、それぞれに特徴がある。カーボンファイバーならではの製法として挙げられるのが、プリプレグを用いたオートクレーブ製法である。

　プリプレグというのは、あらかじめカーボンファイバーの繊維を織り込んだクロスに熱硬化性の樹脂を含侵させておき、それを必要な大きさにカットして、雌型に貼り付けていく。こうすることで、クロスの細部に空気が残ってしまい、成形時に気泡となって強度や美観を損なうことを防ぐことができるのである。もちろん、プリプレグを貼り込む作業者も、熟練した技術が要

図5-2-1
オートクレーブは圧力釜のようなもので、密閉性の高い容器と加熱するヒーターによって構成されている。温度と圧力を管理しながら熱硬化樹脂を焼き固めるための機器だ。
写真：筆者撮影

図5-2-2
圧力釜本体の横には、圧力と温度を管理して制御するための装置が置かれている。オートクレーブによる硬化は、内部の空気を暖めて温度と圧力が上昇し、CFRPのワーク（加工物）に熱が伝わり切って硬化を完了させ、再び温度と圧力を下げて取り出せるようになるまで、かなり時間を要する。そこで、制御のための装置が重要なのだ。
写真：筆者撮影

図5-2-3
釜の内部は二重構造になっていて、内部の空気が循環するようになっている。どのようにワークを並べ、温度や圧力の上昇具合を調整するのか、製作を担当する作業者の技術やノウハウが仕上がりに影響する。
写真：筆者撮影

求される。

　樹脂は熱硬化といっても、室温でも徐々に硬化していってしまうので、保存は冷蔵状態であることが求められる。それでも長期間の保存は利かないため、プリプレグを扱えるのは日常的に、一定以上のカーボン製品を生産するような工場に限られる。

2 ▶ CFRPとして 成形するための 樹脂について

　カーボンファイバーは非常に強靭な繊維だが、そのままでは糸状、あるいは柔らかい織物のような状態に過ぎない。部品として強度や剛性を確保するためには、CFRPとして成形する必要がある。

　そもそもFRPは、グラスファイバーを混ぜることで強度を高めたプラスチックとして開発された技術だが、CFRPは軽量高剛性を追求した結果、樹脂（プラスチック）の含有量が極めて低く、マトリックス（母材）と呼ばれるもののプラスチックは、カーボンファイバーを貼り合わせるだけの接着剤に過ぎない存在になりつつある。日本ではドライカーボンと呼ばれる、熱硬化させたCFRP製品の樹脂含有量は30％以下であることが珍しくない。そのため表面も一般的なプラスチック製品とは比べ物にならないほど硬く仕上がる。

　とくに圧力をかけて硬化させるオートクレーブ製法では、予め熱硬化型の樹脂であるエポキシ樹脂を含侵させたプリプレグと呼ばれる状態のカーボンファイバーを型に貼り付けて重ね、表面をビニールバッグで覆い、真空状態にすることで密着性を高めてから加圧しながら加熱して硬化させる。しかも加圧加熱中にもプリプレグから染み出した樹脂を吸い取るシートも表面に仕込むことで、さらに樹脂の含有量を減らす工夫もある。こうして、非常に軽量で高剛性なロードバイク用フレームは作り上げられているのである。

　そんなCFRPのマトリックスである合成樹脂にも実は様々な種類があり、

それぞれに特性を持っている。

熱硬化樹脂とは文字通り、熱を加えることで固まるプラスチックのことで、エポキシ、ポリエステル、フェノール、熱硬化性ポリイミド、ユリア、メラミンなどがあるが、ロードバイクのカーボンフレームに使われるのは、ほぼエポキシ樹脂となっている。

エポキシ樹脂は接着剤としても使われるほど強度が高いため、軽く強く作るには最適の樹脂なのだ。実際にはエポキシ樹脂でも様々な種類があり、強度や硬化の条件などにも差がある。

オートクレーブ製法などで熱硬化させて使われるエポキシ樹脂の中には、樹脂単体で熱硬化するものと、硬化剤と反応させて硬化させるものがある。エポキシは素材名ではなく、熱硬化させてポリマー（高分子樹脂）を架橋結合させることによって固形化する樹脂の総称なのである。

ウエットカーボンと呼ばれる成形時に熱を加えず硬化させる製法では、エポキシ樹脂に硬化剤を混ぜる二液性硬化樹脂を使う。これによって反応時に熱が発生するため、熱硬化させることになる。

熱硬化樹脂は強度が高く扱いやすい反面、一度成形すると修正や変形させることはできない。加熱し持続させるため、生産するための時間がかかる傾向にある。型にカーボンファイバーを貼り付けて成形するため、作業時間もかかるCFRPには問題となりにくいが、大量生産には向いていない樹脂と言える。

一方、樹脂には熱を加えると柔らかくなる、熱可塑性樹脂と呼ばれる部類のプラスチックも存在する。ナイロンだけではなく、PET（ポリエチレンテレフタレート）、強靭なスーパーエンプラ（エンジニアリングプラスチック）である、PEEK（ポリエーテルエーテルケトン）、PPS（ポリフェニレンサルファイド）、PEK（ポリエーテルケトン）、PEI（ポリエーテルイミド）なども熱可塑性樹脂である。

これらは一般的にはペレット状の樹脂を加熱して液状化したものを金型に注入するインジェクション成形に使われるなど、連続的な生産に向いている。

図5-3
PEEKは、プラスチックの中では耐熱性が高く、強度も強いエンジニアリングプラスチック。写真はクルマのターボチャージャーの中では比較的温度が低いコンプレッサー（空気を圧縮する部分）のホイール。アルミ合金から素材を置き換えることで重量を半減させることが可能だ。
写真：筆者撮影

スーパーエンプラは耐熱性も高く、その他の成形法にも用いられる。

　カーボンファイバーとの組み合わせでは、ペレット成形時に短繊維を混練（練り込んで混ぜる）して、金型に注入することで成形するCFRTP（カーボンファイバー強化熱可塑性プラスチック）とすることにより、樹脂単体より大幅に強度と剛性を高めることが可能となる。

　金型に炭素繊維を並べ、挟み込んだ状態で溶かした熱可塑性樹脂を流し込んで成形するVaRTMなど、新しい製法により通常のロードバイクに使うような長繊維の炭素繊維を使った成形も可能になっている。近い将来、CFRTP製のスポーツバイクなどが登場し、大幅にコスト低減を実現することになるだろう。

図5-4-1
トレックが採用しているマッチドダイ製法によるロードバイク製作作業の様子。蝶番によって連結されているフロントフォークの金型にプリプレグを貼り込んでいる。トレックは独自の工夫を加えた技術をOCLV（Optimum Compaction Low Void／超高密度圧縮、低空隙）カーボン製法と名付けて軽量高剛性のフレーム作りに生かしている。
写真：筆者撮影

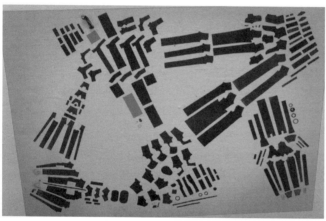

図5-4-2
トレックのロードバイク用フレーム1台分のプリプレグ。このように弾性率の異なるカーボンファイバーを部位によって使い分け、繊維の方向なども工夫して裁断し、型に貼り込むことでモノコックフレームを作り上げている。
写真：筆者撮影

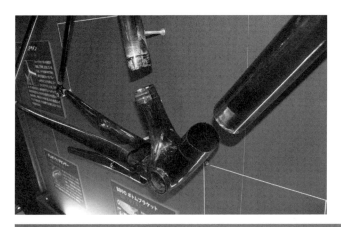

図5-4-3（上）、図5-4-4（下）

トレックは金型により部分ごとに製作し、エポキシ系の接着剤で接合してフレームを作り上げている。ロードバイクのフレームは、複雑な構造のため1回の成形でフレームを完成させることは難しい。そのためメーカーにより何箇所かに分割して成形したものを接合しているが、その分割の箇所や分割数に関してはメーカーによって考え方が異なる。

写真：筆者撮影

3 ▶ 内圧成形法や
　　マッチドダイなど様々な製法

　ロードバイクのフレームのように薄い筒状のモノを成形する製法として広く使われているのが、内圧成形法。これは雌型にプリプレグなどを貼り付け、内側に雄型となる中子を組み込む。オーブンなどで樹脂を硬化させる際に中子の熱膨張を利用して雌型にプリプレグを押し付けることにより、薄く均一な肉厚できれいな表面の成型品を実現するのである。

　マッチドダイ製法は、雄型と雌型の金型を組み合わせて、間に挟んだ樹脂を含侵したカーボンファイバーに圧力を掛けながら樹脂を硬化させることにより、薄く均一な成形品を作る方法である。熱硬化樹脂を用いた場合は、内圧成形法と同じくオーブンに入れて加熱して硬化させる。

　あまり大きくて複雑なモノを作るには適していないので、トレックが採用しているようにフレームをいくつものパーツに分けて成形し、最後に接着して一体化させるような方法もある。

4 ▶ オートクレーブによる
　　ドライカーボンの製法が最高峰

　オートクレーブというのは、熱と圧力をかけることができる釜のことである。実際に使用する際には、さらにバキュームポンプによって型と製品の間の空気を抜き、真空状態にすることで、繊維の間に入り込んだ空気も除去する。そのため密度が高く、なおかつ樹脂の含有量を極限まで減らした軽量で硬質、高剛性なカーボン製品ができる。

　作り方としては、プリプレグやハンドレイアップによって雌型内にカーボ

ンファイバーを貼り付け、バギングフィルムで覆うことにより、雌型とフィルムでバッグを形成する。バッグに真空ポンプとのチューブをつなぎ、樹脂を吸い取るためのシートをバッグの中に敷くことにより、余分な樹脂を除去して、その後に硬化させる。

　日本では、オートクレーブやオーブンで焼き固めたカーボンファイバー製品のことをドライカーボン、硬化剤を使って室温で硬化させたカーボン製品のことをウエットカーボンといって、区別する傾向にある。これによって、「ドライカーボン＝軽量で強靭だが高価」、「ウエットカーボン＝それほど軽くなく強さもそれなりのカーボンの見た目重視品」というイメージが作られた。しかしウエットカーボンでも樹脂の含有量を減らすことにより、軽量で剛性の高い製品を作ることは可能だ。積層作業は手作業で行なうため、作業者の技術力によって仕上がりは大きく左右されることになる。

　ロードバイクの場合、軽さと高剛性を狙ってカーボンフレームを採用するため、ドライカーボンで製作される。

　高温で硬化させることから、オートクレーブでの作業を「焼く」と表現するが、実際には120℃から180℃くらいの温度で樹脂を硬化させる。ドライカーボンは焼き固めるから軽く強いのではなく、加圧や真空引きによって樹脂の含有量を極限まで減らせることから、軽く強靭なカーボン製品になるのである。

　オートクレーブは非常に大掛かりな設備で、製品それぞれの大きさに応じた釜のサイズが必要なので、一定以上の大きさの製品を作るには莫大な設備投資が要求される。そのため、自転車のメーカーで、自前でオートクレーブを持っているところは限られる。

　台湾のジャイアントやメリダは、工場の規模も大きく欧州の自転車メーカーの製品もOEM生産しているため、自前のオートクレーブを持っている。オートクレーブを持っていないメーカーが、ドライカーボンの高性能なフレームを作り上げるには、内圧成型法とオーブンを組み合わせるか、オートクレーブを持っている業者に生産を委託するしか選択肢はない、というのが

現状である。

　オートクレーブは圧力釜のようなものだ。熱硬化樹脂を含侵させたカーボンファイバーを雌型に貼り付け、表面をバギングフィルム（密閉のためのフィルム）で覆って、内部の空気を抜いた状態にしたものをオートクレーブに入れて、長時間圧力をかけながら加熱する。これにより樹脂の含有量が少なく、硬質で極めて軽量なCFRP製品を作り上げることができる。

　オートクレーブでは、真空状態のバギングをさらに加圧状態で加熱して硬化させるが、インフュージョンは雌型を大気中に置いて、カーボンファイバーを樹脂とともに貼り付け、その上からバギングフィルムを貼り付ける。フィルム内部を真空状態にすることで、雌型に押し付けるとともに、内部の気泡を除去して、樹脂含有量も減らして硬化させるもので、内圧成型法とは対称的と言ってもいい方法だが、どちらも雌型に製品を押し付ける目的は同じだ。

　ただしこれは、雌型にカーボンファイバーを貼り付け、成形品の内側にバッグを取り付けて真空引きするため、自転車のフレームのような筒状の成形に導入するには、難しい製法である。しかし、オートクレーブでも導入している方法であり、何かのきっかけで技術的な問題が解決できれば、このような製法がロードバイクのカーボンフレーム製作に使われるようになるかもしれない。

5 ▶ ロードバイクでは 珍しいRTM製法

　プリプレグがあらかじめカーボンファイバーに樹脂を含侵させておくのに対して、金型にカーボンファイバーを敷き、樹脂を注入して硬化させて成型する製法がRTM（レジントランスフォームモールディング）である。日本語では、樹脂注入成形法とでも言えばいいだろうか。

図5-5-1
シートワインディングによりシャフト状のCFRP製品を生産する様子。金属製の型に設計通りの寸法、角度でカットされたプリプレグを指示通りに巻き付け、オーブンで加熱して硬化させる。ロードバイクのカーボンフレームもこうしてチューブを製作し、ラグでつなぎ合わせる生産方法もある。軽量性はモノコック構造には敵わないが、フレーム寸法をサイクリストの体型により合わせられるというメリットがある。
写真：筆者撮影

図5-5-2
フィラメントワインディングによって作られた高圧水素貯蔵用のCFRP製タンク。燃料電池用で、カーボンファイバーならではの強靱さを利用して700気圧にも耐えられるようになっている。
写真：筆者撮影

図 5-6
フランスのタイムは、RTM によってカーボンフレームを製作する珍しいメーカーだ。カーボンファイバーフレームのパイオニアの1社であり、独自のノウハウも豊富にある。以前はこのようにフレームに RTM 製であることが誇らしげに記されていた。
写真：筆者撮影

　これは非常に精度の高い製品を効率良く生産できる方法だが、専用の金型を製作する必要があるため、ロードバイクではあまり使われている例がない。
　カーボンフレームのパイオニアであるフランスのタイム社は、この RTM を利用している数少ないメーカーである。クルマの世界では、高性能車のルーフパネルやボンネット、リアバンパー下のディフューザーなど、平滑性を求められるカーボン部品の製作に、この RTM 製法が用いられている。
　さらにカーボンフレームでもモノコックではなく、ラグによって接合しているタイプもある。ラグの分重量は重くなるが、強固なフレームを作ることができ、フレームサイズごとに、金型を用意する必要がなくなる、オーダー

メイドでサイズオーダーにも対応できるなど、様々なメリットがあるためである。

　カーボンファイバーを成形する際には、縦横に編んだクロスや縦繊維を薄く並べたUDを貼り重ねて、樹脂で固めるのが一般的だ。しかし、筒状のものを作るのであれば、靴下のように編み込んで製作する方法もある。これをブレーディング製法と言い、トヨタがレクサスブランドのスーパースポーツLFAのボディの一部に採用したほか、ロードバイクではタイム社やドイツのBMC社が、チューブを製作するために利用している。これは継ぎ目がないので、非常に強靭で軽量なパイプが製作できるが、専用の織り機が必要なため、生産コストが大きく跳ね上がり、極めて採用例が少ない。

　パイプ状の金型を回転させながら、一定の幅にしたカーボン繊維を巻き付けて、製作する方法もあり、これはフィラメントワインディング製法と呼ばれる。フロントフォークなどには、この方法が採用されている場合もある。プリプレグのシートを巻き付けてパイプを製作するシートワインディングのほうが低コストなため、シートステーなど細く長いパイプ部分をこの製法で製作しているメーカーもある。

6 ▶ ウエットでも 高性能な製品を実現可能な、 インフュージョン成形法

　CFRPは「カーボンファイバーレインフォースメントプラスチック」、日本語ではカーボンファイバーで強化されたプラスチックという意味になるが、実際には樹脂含有量が少ないほど強度が強く軽くなるので、今日のCFRPでは、樹脂はカーボンファイバーを成形するための糊のようなものでしかない。

　そもそもの発祥は、樹脂の強度を上げるためにガラス繊維などを混ぜる製法だったのだが、技術力が高まった今では、いかに樹脂の含有量を減らすかが、軽量で強いCFRPやFRP製品を作る決め手になっている。

成型法	特徴
ハンドレイアップ	型にカーボンファイバーをあて、樹脂を塗り型に密着させて成形する。最も基本的なFRPの成形法。雌型に貼り込むことで表面を滑らかに仕上げるが、雄型も使い挟み込むコールドプレス法もある。
内圧成形法	雌型にカーボンファイバー（プリプレグを含む）をあて、密着後に中子としてバッグを挿入し、温度上昇による膨張で加圧させて型により密着させる。
マッチドダイ	雌型と雄型の金型の間に樹脂を含侵させたカーボンファイバーを挟み込むことで成形する。
インフュージョン（バキュームバッグ）	型にカーボンファイバーと樹脂を貼り込んだ後に、バギングフィルムを被せて内部を真空状態にして硬化させる。
RTM	金型にカーボンファイバーを置き、挟み込んだ状態で樹脂を注入し、加熱あるいは硬化剤によって硬化させて成形する。
フィラメントワインディング	原糸を平らに束ねたロービングを回転する雄型に巻き付け、硬化させることで成形する。プリプレグ、あるいは樹脂を塗りながら巻き付けて。
SMC	プリプレグ、あるいは樹脂を含侵させたカーボンファイバーのクロスやマット、カットした原糸を重ねたシートを金型に挟み込んで加熱して成形。ホットスタンプもほぼ同様の製法。
シートワインディング	プリプレグシートをカットして雄型に巻き付け、オーブンで熱硬化、あるいは硬化剤で硬化させることによって成形する。
ブレーディング	カーボンファイバーの原糸を織機によって編み込み、立体的な形状にすることにより、軽く強靭な製品を作る。

硬化方法	特徴
オートクレーブ	温度と圧力を制御できる釜の内部でCFRPを熱硬化させることにより、成形型にカーボンファイバーを押し付けながら加熱して硬化させる。
オーブン加熱	熱硬化樹脂を含侵させたカーボンファイバーを型に貼り込み、電気オーブンに入れて硬化させる。
硬化剤による硬化	エポキシ樹脂などに硬化剤を混ぜ、カーボンファイバーに含侵させて硬化させる。

図5-7
CFRP製品における成形の方法と、硬化方法の種類。金型を使うことにより精密性は高まるが、コストは上昇する。硬化方法も熱硬化樹脂をオートクレーブで硬化させるものが、最も軽量で強靭に仕上がるが、設備費用が上昇し、製作時間も増加する。

メリット	デメリット
極めて簡単な設備で導入できる。部分的な補修などにも向いている。	カーボンファイバーを固定するための樹脂が多くなりやすく、重く強度が低下しやすい。作業者の技術により仕上がりが大きく左右する。
加熱に耐えられる成形型と電気オーブンなど比較的簡単な設備で生産することができる。プリプレグ利用で樹脂含有率が低く高剛性のフレームを製作可能。	中子による加圧は調整が難しく、複雑な造形に対応させることは難しい。
精密な金型を組み合せることにより、精度の高い部品を作り上げることが可能。	金型を使うため、どうしても製作のためのコストが上昇する。
オートクレーブやオーブンなどの加熱装置を使わずとも、樹脂の含有率が少ない成形物を作り上げることが可能。釜に入らない大きな成形物も作れる。	硬化時間が長めになるため、バギングバッグの真空を保つための工夫やハンドレイアップ同様に貼り込み作業などによる仕上がりで作業員のスキルが影響する。
寸法精度が高く、同じ形状の製品を連続的に生産することが可能。	金型に加え、樹脂を注入し、そのまま加熱する装置など、大掛かりな設備が必要。
巻き付ける方向を工夫することで非常に強靭な成形物を作ることが可能。	巻き付けて成形するため、造形できる形状に制約がある。比較的単純な筒状のみ可能。
同じ形状の製品を連続的に生産することが可能。原糸をカットして束ねたチョップドカーボンなどドライカーボンでは比較的安価にできる。	金型など材料費以外にもコストがかかる。チョップドカーボンなどをランダムに重ねたシートでは狙った異方性の特性は期待できない。
比較的簡単な設備でドライカーボン製品を製作可能。高い精度を追求することもできる。	パイプ状の製品など、比較的単純な形状以外は製作することが難しい。
異なる弾性率のカーボンファイバー、アラミド繊維などを組み合せて編み込むことで、通常のクロスやロービングを使用した場合とは異なる特性を追求できる。	成形できるのは筒状の製品に限られる。編み機など複雑な設備が必要でコストがかかる。

メリット	デメリット
真空状態のバッグを併用することで、樹脂の含有率が極めて少ないCFRP製品とすることが可能。	オートクレーブの設備が高額。加熱から冷却まで成形に時間がかかる。釜に入らないサイズの成形は不可能。
成形法を組み合せることにより、コストや精度、強度などのバランスを考えたCFRP製品を作ることができる。	圧力の調整はできないので、型にカーボンファイバーを押し付ける工夫が必要。
機械的な設備を必要とせず、成形型と材料さえあれば作業可能。	温度管理や硬化剤の配合など、作業員の知識や経験により仕上がりや重量、強度などが左右される。

つまり、CFRP完成品の実態を言い表わすなら、樹脂成型カーボンファイバーとでも言えるようなものであり、ほとんどカーボンファイバーだけで構成されており、樹脂はほんのわずか、それと表面の塗装だけと言っていい。

オーブンやオートクレーブにより熱硬化樹脂で成形するドライカーボンは、高性能だが設備投資が必要で、高コストが避けられない。また、作れる製品の大きさや早さにも制限がある。そこでエポキシ樹脂などを使い、室温で硬化させながら真空状態にすることで、樹脂の使用量を抑え、内部に鬆（す）などの発生を抑える、インフュージョンという製法も編み出された。これは成形するマトリックスの高性能化により、ドライカーボンに匹敵する強度と軽量性が追求できる。大型のCFRPである航空機の外装などにも用いられ、今後は様々な分野で使われていくと思われる。

また、フレームの製作には用いられないが、型にカーボンクロスを当てて樹脂を塗り込んで貼り付け、樹脂を硬化させることで成形するハンドレイアップという製法もあり、カーボンファイバーを含んだFRP系全体で広く使われている。

7 ▶ 近い将来、
カーボンフレームが
一番安いグレードになる!?

カーボンフレームと聞くと、「高性能だけれど高価」というイメージを思い浮かべる人がほとんどではないだろうか。確かにそれは間違ってはいないが、最近は10万円台のロードバイクでも、カーボンフレームを採用しているメーカーも増えてきた。

それでもまだまだ自転車としては高価ではあるが、製法を変えることでカーボンフレームは劇的に生産性が向上し、驚くほど安価に提供できるようになる可能性がある。

それは熱硬化性樹脂を使うのではなく、熱可塑性樹脂（熱を加えると柔らか

図5-8
熱可塑性樹脂を利用して試作されたクルマのホイール。20分ほどで1本のホイールが生産できる。
アルミホイールと比べ大幅に軽量化できることが証明されている。
写真：筆者撮影

くなる樹脂）を使うこと。金型にカーボンファイバーを敷き、熱可塑性樹脂を
溶かして流し込むことで、すぐに成形が可能となる。あらかじめ樹脂をカー
ボンに含侵して固めておいて、温めて柔らかくして、プレス成形することも
可能だ。これはCFRTP（炭素繊維強化熱可塑性樹脂）と呼ばれる。

　さらに長い繊維のままのカーボンファイバーを使うほうが、軽く剛性の高
いフレームを作ることができるが、短繊維でもかなり高い強度が期待でき
る。この製法で、自転車のフレームを作ることは技術的には可能だ。プラス
チックだけでは、剛性や強度を確保するためにはかなり重くなってしまうが、
カーボンファイバーを練り込むことで、十分な強度の軽量フレームを作るこ
とは可能になる。

図5-9
シマノのロードバイク用ビンディングペダル。表面に見える縞模様が樹脂に練り込まれたカーボン
ファイバー。現在のラインナップはほとんどがCFRTP製となっている。軽量で強靭、生産性も高い。
ただしシューズ側のクリートも樹脂のため摩擦が大きく、アルミ合金製ペダルと比べると、脱着での
スムーズさはやや劣る。
写真：筆者撮影

　将来的にはクロスバイクなどに短繊維のカーボンを樹脂に混ぜ込んだもの
で、射出成形したフレームが採用されるようになる可能性が高い。自転車の
分野でも、ビンディングペダルにはすでに導入されている。シマノのロード
バイク用ビンディングペダルのボディは、数年前からカーボン製に変わって
きている。

　さらに、クルマの分野でもバンパー内部の補強材やシートのフレームなど
に、そうした素材が使われ始めている。まだまだ高価で、高級車の軽量化や、
電波遮へい性を利用した部品などに使われているに過ぎないが、今後普及し
ていくことは間違いなく、いずれは自転車業界でも広く使われることになる
であろう。

第6章

ロードバイクフレームの金属素材

1 ▶ アルミ合金でも種類は豊富で特性も様々

　アルミニウムは自転車の素材として、非常に数多くの部品に用いられている。フレームだけでなくハンドル、ステムやシートポスト、ハブ、リムといった主要な構造材から、キャリパーブレーキやディレイラーなどの機械部品の骨格部分は、ほとんどがアルミニウム合金製だ。比重が軽く、加工しやすい上に電気抵抗が少なく、熱伝導性も高く錆に強いといった特徴がある。このため、アルミニウムは、電子部品から建築用資材まで幅広い分野でアルミニウムは使われている。

　資源としても地球上に豊富にあり、リサイクル性にも優れているため、使用量は増え続けている。しかも純粋なアルミニウムはフライパンや鍋、1円硬貨などに使われている柔らかいモノだが、多様な元素を添加することで、大

きく特性を変化させるという性質もある。このため電子部品から建築用資材まで幅広い分野でアルミニウムは使われている。

　しかし、アルミニウムを金属として取り出すのは、実は結構大変な作業だ。ボーキサイトという鉱石を粉砕し、苛性ソーダと加圧加熱により分解することで、アルミナという物質が取り出せる。アルミナはセラミックの材料になる、融点が2000℃以上で絶縁性の高い素材だ。それを電気炉で融解し、氷晶石やフッ化アルミニウムと混合させることにより、純粋なアルミニウムが取り出せる。

　そして前述のように、アルミニウムは他の元素を添加した合金とされることで、大きく特性を変化させるのも特徴だ。それにより加工性を高めたり、強度を高めるなど、使用する目的に応じて最適な特性のアルミ合金を選んで利用することができるようになっている。

　自転車のフレームに使われるのは、6061や7005といったアルミ合金である。この4ケタの番号は、最初の数字に、含まれる元素の種類などを表わしており、例えば、6000番系はマグネシウムとシリコンを添加したもので、さらに配合量やその他の元素の有無によって後半の番号が決まってくる。

　また、7000番系はマグネシウムと亜鉛、もしくはさらに銅を添加した合金で、強度には優れるが、加工性は他のアルミ合金と比べるとあまり良くない。添加する元素によって、大きく特性を変えることができる反面、アルミニウムが本来もつ優れた特性（耐食性、鋳造性）などが損なわれてしまうこともあり、必ずしも高強度なアルミ合金が、すべての目的に適している訳ではないのである。

　フレーム以外にもいろいろな部品にアルミ合金が使われているが、その加工法や求める性能、コストなどによって、最適なアルミ合金が選ばれている。

　強度に優れた高強度系のアルミ合金の代表に、ジュラルミンがある。これはもともと航空機用に開発されたもので、価格は上昇しても、強度を必要とする部品や商品などに採用されてきた。さらに強度を高めた超ジュラルミン、超々ジュラルミンも開発され、また、先端分野では、セラミックなどを配合

した高強度なアルミ合金なども開発されている。

　アルミニウムはそれ単体では引っ張り強度が$70 \sim 140 \text{N/mm2}$ほどだが、ジュラルミンになると470N/mm2、超ジュラルミンでは570N/mm2にもなる。比重はアルミそのままで、鉄鋼並みの強度になるので、比強度（密度に対する強度）は格段に高くなる。これにより十分な強度を確保しながら、軽いフレームが製作可能になるのである。

　また、アルミ合金は元素の添加だけでなく、その後の処理方法によっても強度が変わる特性があり、合金に熱処理をすることで硬化して強度を高めるもの、時効硬化といって精錬後に置いておくだけで、強度を高めるものもある。純粋なアルミニウムでも精錬直後は85N/mm2ほどだが、時効硬化により100N/mm2に強度は高まる。

　溶接技術が高度になったことで、アルミ合金でも難なく溶接できるようになったことから、クロスバイク以上の自転車ではアルミフレーム化が一気に進んだ。

　さらに、ハイドロフォーミングという、パイプの内部に液圧をかけて成型する製法により、接合部など強い強度が要求される部分は大径パイプ化され、徐々に細くなっていくような変形の、言わばセミモノコックフレームとでも呼べそうなものも増えている。

図6-2
アルミフレームでもしなやかさを追求する工夫が施された例。ハイドロフォーミングにより、縦方向と横方向に連続的に扁平形状が変化するデザインを実現している。
写真：筆者撮影

　アルミ合金は鉄に比べて比強度（比重に対する強度）に優れるため、軽くて強いフレームを作ることが可能だが、鉄やチタンと比べて靭性に劣るため、繰り返し衝撃を受けることで、金属疲労が進みやすい特性がある。簡単に言えば、バネのような特性はないので、塊で衝撃を受け止めるようなことはできても、柳の枝のようにいなすことは苦手なのである。

　カーボンフレームが一般的になる前は、フロントフォークとシートステーだけをカーボンファイバー製として、前三角とチェーンステーをアルミ合金で製作した「カーボンバック」と言われるフレームを、数多くのメーカーが製作していた。カーボンのもつ衝撃吸収性を生かしてコストとの両立を図ったものだったが、カーボンフレームのコスト低減が進んだ現在では、姿を消した。

今ではアルミフレームのロードバイクは、エントリーグレード、もしくは硬い踏み応えを好む人の競技用として使われるものとなっている。

金属なのでリサイクル性は高いため、タウンサイクルのフレームには適しているし、競技用のフレームとして軽量高剛性を追求するには向いているが、長期間にわたってその性能を維持するのは、難しい素材と言える。したがって何年乗るかによって、コストパフォーマンスの評価は変わってくることになるだろう。

スカンジウムという金属フレームも一部のメーカーで使われているが、実はこれもアルミ合金の一種で、スカンジウムという希少元素を添加することで、強度を高めているものだ。わずか0.5%、スカンジウムを添加するだけで、アルミ合金は強度が大幅に向上し、融点も800度上昇する。これによって、高剛性と耐熱性に優れた軽合金となるのだ。そもそも航空機、それも戦闘機の部品に使われるために開発された素材だけのことはある。

そのスカンジウム合金は、アルミ合金製フレームより、乗り味がしなやかだと言われている。これは強度が高い分、軽量化して剛性をやや落とすことで、しなりを利かせた乗り味にできるためと思われる。

2 ▶ クロモリ＝鉄ではない、 奥深いスチールの世界

鉄もアルミ同様、自転車はもちろんのこと、工業製品に幅広く使われてきた素材である。鉄は青銅に次いで人間が使い始めた金属であり、非常に強靭で耐熱性も高いことから、武器や建築物、日用品といった、あらゆる工業製品に使われてきた。加熱や急冷などの熱処理によって、結晶構造が変化することで磁性や硬さ、粘り強さなどが変化するのも鉄がもつ特徴のひとつである。 例えばクルマでも、近年は高張力鋼が盛んに用いられている。これは引っ張り強度が50kg/mm以上の高強度な鋼を指し、シリコンやマンガンを添

図6-3
クルマの骨格部分に使われる高張力鋼の例。高張力鋼板を使い分けて軽量化と走行性能や衝突安全性を高いレベルで実現している。
出典：マツダ

加したものがベースの合金だ。

いわゆるハイテンと言われるもので、同様の素材はロードバイクのフレームにも古くから用いられてきた。ハイテン鋼はロードバイクでは格下の素材だが、クルマでは上質な素材の部類に入る。ロードバイクより販売価格は高くても、車重が重く、エンジンや快適装備などを搭載したクルマは素材のコストが全体に与える影響も大きいため、なかなか高価な素材を用いることが難しいからだ。また、合金鋼にコストをかけるよりは、さらに軽量で消費者に魅力を訴求しやすいアルミ合金や樹脂を用いる傾向があり、クルマにクロモリ鋼を用いるのは、エンジン内部でとくに強度が必要なパーツ（クランクシャフトなど）に限られている。

ちなみにクロモリ鋼とは鉄にクロームとモリブデン、そして炭素を添加したクロームモリブデン鋼の略称である。

鉄フレームの代表として、クロモリパイプを使ったロードバイクが根強い人気を保っている。しかし勘違いしないで欲しいのは、クロモリだけが鉄フレームではない、ということである。そもそも鉄はFeという元素で、地球上には、酸化鉄という状態で無尽蔵と言えるほどの量があり、そこから精錬され、様々な形で利用されているのが、鉄という金属なのである。

鉄分が人体にとって非常に重要な役割をしているのはご存知だろう。血液

図6-4
CAP クロモリ鋼パイプを用いている証としてフレームなどにはパイプメーカーのステッカーなどが貼られていることも多い。
写真：筆者撮影

中で酸素を運ぶ赤血球にはヘモグロビンとして鉄分が多く含まれており、酸素と結び付きやすい性質は動物の生命維持にも役立っているのである。また骨を形成するためにも鉄分は使われている。

鉄（Fe）は炭素（C）が結び付くことで鋼となって、硬く、粘り強い特性を高める。さらに目的に応じて炭素の量やいろいろな元素を添加することで、要求する特性に近い性能を追求できるのである。

つまりアルミ合金と同じように、鉄も炭素やそれ以外の元素と結び付くことで、さらに優れた特性を引き出せる金属なのである。

こうして長年、工夫を続けてきたことがロードバイクの歴史でもある。

ついでながら、鉄は自然界では酸化鉄として存在するが、還元して酸素を取り除いた銑鉄には多量の炭素が含まれている。つまり鋼を生み出す精錬は、正確に言えば炭素を添加するのではなく、不純物を取り除くと同時に目的に応じた炭素含有量に調整する工程なのである。

クロームとモリブデンの配合、さらにはマンガンなどその他の元素の添加により、鉄は粘り強く強靭な合金鋼へと変化する。そのため薄肉のパイプにより、しなやかで軽いフレームを作ることができるようになるのだ。

クロームは、意外に思われるかもしれないがマンガンやモリブデン同様、人間にとって必須元素である。クロムと呼ばれることもあるが、クロームと

同じもので、糖質の代謝に必要な元素であることから、かつてはダイエットサプリとしても注目されたことがある。非常に硬い金属で融点も1907℃と鉄より高く錆に強く、鏡のような高い光沢と反射を示すのが特徴だ。クロモリフレームの素材としてだけでなく、表面処理のクロームメッキとしても使われ、鉄を錆から守る役割も果たしてくれる。

　マンガンは鉄に添加されることにより、粘り強さを高めることができるとして、古くから用いられている。リチウムイオンバッテリーや乾電池の電極素材としても用いられており、磁性材料として磁力を強化するための添加物としても使われている。自然界には酸素や炭素と結び付いたマンガン鉱として産出されるほか、土壌や海水中にも含まれるため豊富に存在し、ミネラル分として植物や動物にも含まれる、臓器内にある酵素の構成成分として人体にとっても必須の元素である。

　モリブデンは硬度が高いため摩擦係数が低いことから、潤滑剤としても利用される金属元素である。とくに硫黄と結合させた二硫化モリブデンは、固体潤滑剤としてグリスやオイルの添加剤という形で使われている。前述の通りクロモリフレームの「クロモリ」とはクロームモリブデン鋼の略で、クロームやマンガンなどと鉄に添加されることで、粘り強く強靭な合金鋼を形成するのだ。

　クロモリ鋼の自転車用パイプ素材には、代表的なものとしてコロンバス503などの名品パイプがこれまでに生み出されてきた。さらには応力が集中する接合部の肉厚を増やし、それ以外を薄くするダブルバテット、トリプルバテットといった、手の込んだ加工を施すものも開発された。

　加えて、従来、クロモリフレームは、ラグと呼ばれる鋳物の継ぎ手とパイプを、ろう付けという接合法で一体化して、組み立てられるのが一般的だった。ろう付けというのは溶接の一種だが、母材を溶かすのではなく、ハンダや真ちゅうなど、鉄よりも溶けやすい金属で作られたろう材を溶かして、両方の素材に溶着させることで接合する方法である。

　これはガスのトーチで溶接していた時代、クロモリパイプを溶かして溶接

図6-5
クロモリ鋼パイプフレームながら、従来より太いチューブを使うことで軽量性を追求した例。ヘッドチューブは真っすぐなパイプではなく切削加工による異径でステム径もオーバーサイズ化することで高剛性化を果たしている。
写真：筆者撮影

してしまうと、歪みや特性の変化が起こってしまうので、それを防ぐために用いられたものだった。また薄肉化したパイプ同士の溶接は、溶接部分の強度を確保するもの難しい。しかしラグを使うことによって溶着の面積が大きく取れ、ろう材を溶かすことで再び分解できるため、修理なども行なえるという利点がある。

　シンプルな丸パイプをダイヤモンド型に組み上げただけのフレームが、美しく気品に溢れるものになったのもラグのおかげで、有名なフレームビルダーはオリジナルのラグを用意して、その繊細な細工によりブランドのイメージを作り上げた時代もあった。

　またラグを用いず、ろう材だけで接合し、溶接箇所にろう材を盛って、表面を滑らかに仕上げるフェレット加工という技術も登場した。これは塗装によってスムーズな一体感に仕上げる、職人の技術力を感じさせる接合法と言

えるであろう。

　しかし、近年は溶接技術が発達し、昔は難しかったアルミやチタンも溶接できるようになったこともあって、クロモリフレームもラグを使わずに、パイプ同士を突き合わせて溶接するラグレスフレームも登場している。そして合金鋼の革新もあって、カーボンフレーム並みに軽量でしなやかなクロモリフレームも登場している。

　また最近では、ステンレスを素材としたフレームも再登場している。ステンレスは、正式には「ステンレススチール＝汚れない（錆びない）鉄」として考え出された金属で、鉄に炭素の代わりにクロームやニッケルを添加することによって、耐食性を高めた合金である。錆に強い元素と結び付くことで、錆から解放された金属となり、粘り強い鋼ならではの特性から、美しい輝きに加え、硬く強いというまったく異なる素材へと変化を遂げたのである。また、銅や銀を添加することにより、抗菌作用を持たせたステンレスもある。フォークやナイフなどの食器類から医療用に使われるまで、人々の生活に根付いているものだ。

　このように、ステンレスは鉄ベースの合金ではあるが、その用途は実に幅広く、もはやステンレスという独立した素材と認知されているほどに、社会や家庭に馴染んでいる金属と言えるだろう。

　ステンレスは、ロードバイクにとってあまり馴染みのない金属と思われる方もいるかも知れない。しかし、部品単位ではかなり広範囲に使われている。ネジ類や部品の間にはさみ込まれるワッシャーなどはステンレス製が多い。さらに少数派ではあるが、ステンレス製のフレームも存在する。

　ステンレスは、かつてもラグの時代に試された素材であるが、やはり溶接技術の向上と合金技術の進化により、ロードバイクフレームに適したステンレス素材が開発され、一部のビルダーの間で用いられるようになってきた。趣味性の高いロードバイクとして、独特の質感を誇るステンレスもチタンと並んで、愛好家に支持されることになりそうである。

3 ▶ チタンという 金属の可能性

　アルミと鉄のほかにも、金属製のフレームは存在する。それがチタンである。医療や航空宇宙関係の機器に使われる素材ということから、非常に硬いというイメージを持たれがちである。だが、チタンは強靭ではあるが、決して硬くはない素材である。鉄並みに強度はあるが、とくに、熱を帯びると途端に柔らかくなる特性がある。そのため、精密な機械加工をしようとすると刃物に絡み付くように変形してしまうこともあった。したがって、使う刃物の種類、切削速度や刃物の回転数といった制御や、切削油による冷却などといった対策をすることにより加工を可能にしている。

　圧延加工や溶接性も高くはないため、それぞれ加工技術が進歩するまでは、軍用や航空宇宙産業といった分野で、置き換え不可能な部分に採用される程度に限られていた。現在においても加工が難しい素材であり、材料費と加工費が高価になることで、でき上がった製品もどうしても高額になってしまう。

　しかしながら、アルミフレームのように軽量でありながら、クロモリフ

図6-6
チタン合金によって製作された自転車部品や工具の一例。従来の合金鋼製に近い強度を誇りながら、驚くほど軽量に仕上げられている。
写真：筆者撮影

図6-7
チタン合金によるロードバイクフレームの例。フレームに貼られているのはクロモリ鋼同様に、チタン合金のグレードを表すもので、メインの前三角には6-4チタン、リヤ三角には3-2.5チタンが使われていることを示している。
写真：筆者撮影

レームのようにしなやかな乗り味を実現できるのは、チタンならではの魅力である。耐食性に優れるため、アルミフレームやクロモリフレームと比べると耐久性も高く、誰もが一度は憧れるフレーム素材となっている。

　このチタンも合金によって特性を大きく変える素材のひとつで、加工法や使う目的によって、純粋なチタンと様々な元素を添加したチタン合金を使い分けている。

　鉄と化合したチタン鉱石は日本では産出されないが、輸入して金属チタンを取り出し、精錬してパイプや板などの素材にする技術は世界でもトップレベルであり、鉄鋼やカーボンファイバー同様、日本の素材技術の高さを実感させられる素材である。

前にも触れたように、チタンは加工の難しい金属で、鋳造や塊から削り出して成形するのは難しい。鍛造や圧延された板、パイプなどを曲げたり、溶接することで成形することが多く、ロードバイクのフレームもパイプを溶接して作り上げることから、チタン製を実現している。

4 ▶ マグネシウムは将来、活用される金属になるか

マグネシウムは比重が軽く強度が高い、すなわち比強度に優れた金属で、加工性も良い。溶接には向かないが、溶融すると流動性に優れるため精密鋳造に向いており、カメラや携帯電話のボディに使われることが多い。

そんなマグネシウムは海水にも多く含まれていて、それを原料に採取する方法とドロマイトという鉱石から取り出す方法との2種類で生産されており、実は幅広い分野で利用されている金属だ。

アルミ合金の添加元素としても広く用いられており、ジュラルミンなどの高強度アルミ合金には、マグネシウムが添加されている。また、チタンを精製する際の還元剤としても使われるなど、その反応の高さを利用されることも多い。

人間も含め、動物、植物にとっても必須元素であるが、それ以外にも入浴剤の主原料や自転車でもMTBでマグネシウムの鋳造製フレームが開発されたこともあった。より安価で十分な性能を実現できるアルミフレームに対し、クルマの競技用ホイールなどにもかつては用いられていたが、金属とはいえ、腐食に弱いだけでなく、燃えやすいという特性が問題となり、安全性のために敬遠されるようになったという経緯がある。近年では、マグネシウムを金属の主要素材として用いるケースは非常に限られている。

だが、量産化されている金属では最も比強度に優れた素材だけにクルマの分野では軽量化に貢献できる素材として、ステアリングホイールの骨格やエ

図6-8
マグネシウム合金を用いた自動車用ステアリングホイールの骨格部分。エアバッグを内蔵することによる重量増を抑えるために、マグネシウム合金をフレーム素材に用いる車種も増えている。
写真：筆者撮影

ンジンを支えるサブフレームの素材として用いるケースもある。

　日本の大学研究室や企業では、耐熱マグネシウム合金も開発されており、表面の防錆処理技術も進んでいることから、今後は金属としても活用される機会が増える、可能性を秘めた素材と言えるだろう。

5 ▶ 竹やマホガニーといった 木製フレームも存在する

　非常に希少ではあるが、木製フレームのロードバイクも存在する。楽器や小型船舶などに用いられるマホガニーを使ったロードバイクは、日本の職人の手で作られており、海外ではバンブー（竹）をフレーム素材に使ったロード

図6-9
日本の船大工が製作したマホガニー材で作られたロードバイク。非常に軽量で美しい仕上がりと独特の乗り味を実現している。
写真：筆者撮影

バイクもある。これらは、金属やカーボンファイバーと比べ剛性では劣るものの、非常に軽量で木製ならではのしなやかな乗り味を誇り、一部のマニアに支持されている。

　それぞれの素材に特徴や魅力があり、それを生かすことでロードバイクとして、軽量で強靭、かつ、しなやかな乗り心地も実現している。

6 ▶ ロードバイクフレームの
　　　表面仕上げについて

　チタンやステンレスのフレームは、鏡面加工した金属のままの素地仕上げとするものもあるが、大部分のフレームは塗装などの表面加工が施される。とくにクロモリフレームは、鉄が酸素と結び付きやすいことから、表面保護

図6-10
クロモリフレームは塗装により表面を保護するとともに、様々な塗色とカラーリングでその造形美を高めてきた。
写真：筆者撮影

を施さなければ、すぐさま腐食が始まってしまう。鉄の場合はクロームメッキが表面処理としては長く使われてきたが、これは美観と防錆効果を高めるためには非常に有効だ。しかし、フレームすべてをメッキ処理するには、大型のメッキ槽が必要であり、コストが掛かるだけでなく、個性的な印象を与えることは難しくなる。その点、塗装は防錆処理した下地を塗装面でカバーすることにより、美しい外観と高い防錆効果を長い間維持することが可能となる。

　それに、何より塗装は顔料などの素材を調整することによって自在に色を選んだり、途中から色が変化するグラデーションを付けたりすることも容易なのである。前後フォークの途中からクロームメッキとする組み合せで、より上品な仕立てにする方法もある。

　塗装も、用いる塗料により質感や耐久性が異なる。1970年代くらいまで

は、工業製品の塗料はラッカー塗装が主流だった。これは有機溶剤と樹脂である二トロセルロースやアクリルに顔料を混ぜたものを吹き付け、乾燥させることにより有機溶剤を揮発させて、塗膜を完成させる。設備が簡単で取り扱いやすく、美しい光沢が得られるのが特徴で、クルマや建築、電化製品など多くのものに用いられていた。

しかし、耐久性が低く、乾燥時に塗膜に生じるピンホールから水分が侵入して錆を発生させやすいという問題から、建築用は耐候性、自動車用などは防錆性の向上を目的に、硬化剤を配合したウレタン塗料が使われるようになった。ロードバイクのフレームにもウレタン塗料が使われるようになって、1990年代からは環境規制もあり、自動車メーカーでは水性塗料が用いられるようになった。

現在はロードバイクのフレームも、大規模な生産設備をもつメーカーでは水性塗料が使用されている。小規模なメーカーでは、自動車用補修塗料と同じ溶剤を用いるウレタン塗料を採用しているところもあるようだ。

アルミフレームは、アルミ合金の表面には酸化被膜が作られることから、錆には強い特性となっているが、長期にわたって美観を保つため、塗装が施されるのが一般的である。小さな部品であれば、酸化膜を人工的に作るアルマイト処理により着色した保護被膜によって、仕上げることも多い。

CFRP（カーボンファイバー強化プラスチック）によるカーボンフレームも、紫外線や石跳ねなどから保護して、デザイン性を高めるために塗装が施されており、その塗料はアルミフレームやクロモリフレームと同等のものとなっている。ただし、軽量さを追求するため、塗膜は非常に薄いものとなってきている。

ロードバイクフレーム用素材の各種物性

素材名	比重 (g/cm3)	引っ張り 強さ(Mpa)	比強度 (強度／比重)	ヤング率 (縦弾性係数)	破壊靭性
中炭素鋼	7.85	520	66.24	200	53
一般的なクロモリ鋼 （AISI4130）	7.85	760	96.81	200	60
レイノルズ531	7.8	700-850	108.28	200	――
レイノルズ725	7.78	1080-1280	163.05	200	――
タンゲ	7.85	893	113.75	200	――
301ステンレス	7.93	860-1800	226.98	193	100
304ステンレス	7.9	780-1130	143.03	193	100
A1001純アルミニウム	2.8	70-145	51.78	68	――
A5031アルミ合金	2.8	200	71.42	68	――
A2024超ジュラルミン	2.8	470	167.85	73	24-44
A6061アルミ合金	2.8	310	110.71	68	23-45
A7075超々ジュラルミン	2.8	570	203.57	71	23
マグネシウム合金	1.79	248-510	284.91	45	25
純チタン	4.51	350-540	119.73	105-120	55
3Al-2.5Vチタン	4.48	700	156.25	105-120	55-
6Al-4Vチタン	4.42	1000	226.24	105-120	55-115
ケブラー	1.37	1380	1007.3	109	――
低弾性カーボン	1.5	1100	733.3	230	――
中弾性カーボン	1.7	3000-4000	1764.7	――	――
高弾性カーボン	1.8	5000-7000	2777.8	――	――
木材（ブナ／ナラ材）	0.67	35-55	52.2	9-16	11-13

図6-11

・比重：水1L＝1kgを基準とした体積あたりの重さ。
・引っ張り強さ：素材を引っ張って千切れる力の大きさ。大きいほど大きな力に耐えられる高強度な素材となる。
・比強度：引っ張り強さを比重で割ったもので、軽さと強さをどれだけ両立しているか判断するための要素。

疲労限度	特徴
0.5	一般的な自転車に使われる素材。安価で加工性がいいが、ロードバイクに使用するとフレームとしては重くなる
0.5	比較的安価で強靭な素材。加工性が高く、防錆対策さえ行えば耐久性も高い。
0.5	英国の名門パイプメーカー。1930年代から販売されているマンガンモリブデン鋼パイプ材。
0.5	レイノルズ社のクロモリ鋼パイプ材。モデル名は添加される元素の割合に由来する。
0.5	日本のパイプ材メーカー。現在は台湾に生産拠点をもつ。
0.4	炭素の配合を高めることで強度を向上させたステンレス鋼。他のステンレス合金と比べ、耐食性はやや劣る。
0.4	最も代表的なステンレス合金。耐食性が高く、バネ鋼として使われることもあるほど強靭さを兼ね備える。
	1円硬貨や調理器具に使用される純粋なアルミニウム。
0.31	Mgを多く含む合金で、加工性や溶接性が良く、耐食性も高いため、自転車フレーム素材として使われる。
0.29	航空機用の高強度アルミ合金。耐食性と溶接性に劣るためフレーム用としては使われていない。
0.31	加工性が良く耐食性にも優れるため、自転車フレーム用素材としても広く使われる。
0.28	航空機用高強度アルミ合金。
0.37	非常に高い比強度を誇るが、耐食性が低く長期的に安定した強度を維持することが難しい。
0.5	溶接や圧延などの加工性は高いが、強度は通常の鋼並みで、比強度ではステンレス304に劣るため、構造材としては不向き。
——	溶接性などは比較的良好で、適度な剛性により振動吸収性も高いチタン合金。
——	強靭だが加工性が悪く、材料コスト、生産性の両面で高額となる。
——	アラミド繊維の代表的存在。非常に強靭で炭素繊維と比べ、衝撃にも強い。ただし紫外線に弱いため、表面を被覆するなどの対策が必要。
——	剛性は低めだが、柔軟性に富むため引っ張り強度は十分に高い。様々な用途に使える長い炭素繊維としては低価格。
——	剛性も高く、振動の吸収性も高いカーボンファイバー。実際にはメーカーや製品により幅広い特性を発揮する。
——	カーボンファイバーの中でも非常に高い剛性を発揮する。素材としても高価で利用範囲が限られる上に、繊細な取り扱いが要求させる。
——	比重が軽いため、中実構造にすることでロードバイクフレーム用に十分な強度を確保できる。

・ヤング率（縦弾性係数）：素材を引っ張った時にどれだけ歪むか、変形の度合いを示す。
・破壊靭性：亀裂が入り始めた状態で、どれだけ外力に耐えられるか粘り強さの度合い。
・疲労限度：繰り返し荷重を受けた時に、破壊に繋がるまでの強さ。本来の強靭さをどれだけの期間保てるかの目安となる。数値は引っ張り強さとの比。

図6-12
パナソニックサイクルテックのチタン製ロードバイク。単純にチタン合金を採用しているだけでなく、パイプ内側に、ら旋状のリブを刻み、パイプの前後端にはラグのような模様で厚みを変えて強度を高めている。チタンフレームはサビに強く耐久性も高いほか、乗り味も独特のバネ感があり、高価なことから一生モノのいわゆる「上がりのバイク」と言われる。
写真：筆者撮影

第7章

ロードバイクの
安全性

1 ▶ ロードバイクにも
衝撃を吸収する能力がある

　ロードバイクは路面の凹凸が少ない舗装路を走ることを前提としているため、走行中に路面から大きな衝撃を受けることは少ない。サイクリストもホイールやタイヤの破損を防ぐために、大きな段差には注意して走行しているだろう。とはいえ、実際に公道を走るとなると、路面の継ぎ目や歩道との段差などで衝撃を感じることがあるはずである。

　ロードバイクは、マウンテンバイクのように衝撃を吸収するサスペンション（緩衝装置）は装備していないが、衝撃を緩和する機能はフレームに盛り込まれている。というのも走行中に路面から伝わってくる衝撃は、サイクリストの身体にとって負担になるからだ。衝撃を受けた瞬間、身体を支えようして筋肉は硬直することになる。

図7-1
カーボンフレームのシート
ステーは、とくに衝撃吸収
能力を重視した設計がされ
ている。機能をグラフィッ
クに施してイメージさせて
いる例。
写真：筆者撮影

　衝撃吸収性がなぜ大事なのかご存知だろうか。フレームにとっても強度が
弱いところには応力が集中してしまい、衝撃によって壊れてしまう危険性も
あるため、強度のバランスを取るとともに衝撃を吸収する構造が求められる。

　さらに、筆者が身をもって体験した例を挙げてみよう。まだ自転車は歩道
を走るように指導されていた時代（それ以前から、法律上は、自転車は軽車両と
して車道を走るよう明記されていた）だったこともあり、都内の移動用に筆者は
マウンテンバイクを利用していた。当時はマウンテンバイクがブームだった
ことと、ロードバイクでは、歩道の段差を何度も乗り越えるのはタイヤやホ
イールを傷めてしまうだろう、という判断からである。

　事実、当時は車道を走行していると、交番の前を通過する際などに「なる
べく歩道を走って」とおまわりさんに声をかけられることが珍しくなかった。

　最初に手に入れたマウンテンバイクは、アルミフレームにクロモリフォー
クで、サスペンションは、前後とも装備されていないものだった。マウンテ
ンバイクでは、その頃からオフロードを駆け下りるダウンヒル競技用のマシ
ンを中心に、前後にサスペンションを装備した、いわゆるフルサスのマウン
テンバイクが脚光を浴びていたのである。

　その機能的なフォルムと衝撃吸収性に期待して、筆者は2台目のマウンテ
ンバイクとして米国製のフルサス・マウンテンバイクを購入したのだった。

見た目の格好良さは申し分なく、早速、都内の移動にそのフルサス車を利用することにした。

　しかし、フルサスバイクにも弱点があった。前後にサスペンションを採用しているため、当然のことながら重量は重くなるのだ。それ以前から乗っていた前後リジッドのマウンテンバイクと比べると、2割以上は重量が重く、走りの軽快感は明らかに劣っていた。

　それでもサスペンションがもたらす安定感の高い走りと機能美が気に入って、フルサスのマウンテンバイクを乗り回していたところ、あることに気づいたのである。それは都内を横断するような長距離の場合、明らかに軽量なリジッドサスのマウンテンバイクより、フルサスのほうが翌日の疲労感が少ないのである。

　これはどういうことだろうと、その理由を考えてみることにした。その結果、導き出されたのは、サイクリストは、走行中の衝撃を受け止めることに予想以上の筋力を使っているのでは、という仮説である。乗り心地が良い悪いではなく、衝撃に耐えるよう筋肉が緊張するため、疲労が蓄積する、と考えたのである。

　近年の研究では、走行中の衝撃に耐えることで、筋繊維や腱がダメージを受けることがわかってきたので、筆者が立てたこの仮説はほぼ正しかったと言えるだろう。

　もちろんこれは程度問題ではあるが、重量面では不利でも、走行中の衝撃を吸収してくれる自転車のほうが、結果として疲れない場合もあり、性能的に優れた自転車と成り得るのだ。

　そういった意味では、カーボンファイバーやクロモリ、チタンなどの衝撃吸収性に優れた素材を使ったフレームは、走行中の衝撃を吸収してくれるので、同じように走行しても、アルミフレームより身体に蓄積する疲労は少ない。とくにカーボンフレームについては、第5章で説明した通り、カーボンファイバーの中でもたくさんある種類からの選択や製法、構造によって様々な特性を作り出すことが可能だ。そのため、トップレベルの競技用フレーム

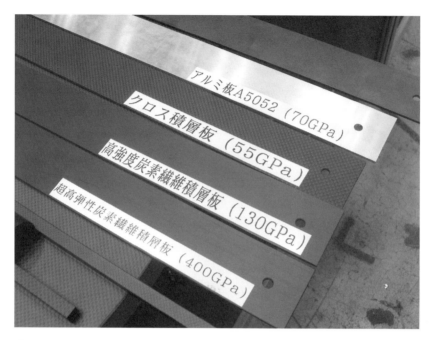

図7-2
CFRP（カーボンファイバー強化プラスチック）とアルミ合金素材による弾性率の違いを展示したサンプル。アルミ合金でも弾性率が異なるものは存在するが、靭性に乏しいため高強度なフレームにすると衝撃吸収性は期待できない。CFRPでは積層により素材の組み合せや積層の方向を変化させることでも特性を調整できる。
写真：筆者撮影

の場合は、衝撃吸収性を犠牲にしても軽さと高剛性を両立させているものもある。つまり、目的に応じて幅広く特性を調整できるのが、カーボンフレームの強みと言えるのである。

　近年は靭性の高いアルミ合金も開発されており、構造なども工夫することで、衝撃吸収性を高めたアルミフレームも登場しているが、軽量でリーズナブルな競技用フレームとして、一部のユーザーに支持されているにとどまる。

　その一方で、カーボンフレームの生産コストが下がっている傾向にあるため、ロードバイクとしてはカーボンフレームが主流になっていくのは当然なのかもしれない。

筆者は何十年かぶりでロードバイクに乗ることになって、当初アルミフレームのロードバイクに乗っていたのだが、それはフロントフォークもアルミ合金製だったため、非常に乗り心地が硬く、とても長い距離を走る気にはなれなかった。それがカーボンファイバー製のフレームのロードバイクに乗り換えた途端、100km程度なら仕事の足としても使えるくらいになったのだから、衝撃吸収性の大事さをまた痛感することになったのである。

2 ▶ ロードバイクは 見た目よりもずっと 強度が高い

ロードバイクは、非常に軽量に仕立てられている自転車である。エントリーレベルのグレードでも10kgを切ることも珍しくなく、上位機種になると、UCI（国際自転車競技連合）が競技用として定めた最低重量の、6.5kgを下回る5kg台のモデルさえ存在する。しかも剛性は高く、必要な強度もキチンと備えているのだ。この必要な強度についても、しっかりと基準は定められている。

ロードバイクを含めて、自転車の各部はすべて規格化されており、日本ではJIS（日本工業規格）によって定められている。国際規格としてISO（国際標準化機構）が存在するが、JISの内容もISOに準じたものに統一されるようになってきた。

こうして規格化されることにより、ロードバイクは部品を交換して、自分によりフィットする仕様にしたり、グレードアップしたりできるのである。

毎年のように新しいモデルが登場するが、フレームに組み付けられる変速機やブレーキなどのコンポーネント、ホイールなどほとんどのパーツは、基本的に規格化されて互換性があるため、その都度パーツだけを交換することにより、新型車との性能差を埋めることもできる。これはロードバイクなどスポーツサイクルの特徴であり、楽しみと言える部分だ。

超軽量で華奢に感じられるロードバイクであるが、実際にはしっかりと強度（剛性ではなく破壊強度）をもたせた作りが成されている。そうでなければ、60km/hを超えるスピードで競技を行なうことは、とても危険なものになってしまうからだ。

　ロードバイクは、いわゆるママチャリのように重い荷物を積むことはないし、前後に子供を乗せるような使い方もしない。つまり、使い方が限定されるため、求められる強度についても、実際の使用状況に基づいたものにできる。しかも、走行中に受ける衝撃力はスピードの2乗で増えていくため、ロードバイクはママチャリよりもはるかに高い強度が求められるのである。

3 ▶ ロードバイクの安全基準
　　EN から SBBA、ISO へ

　長い間、欧州の自転車メーカーは、英国ではBSI（英国規格協会）、ドイツではDIN（ドイツ規格協会）というように国ごとに独自の工業規格による安全基準をもって、自転車を生産してきた。CEN（欧州標準化委員会）は、2005年に統一した安全基準として、EN規格を発足させた。日本でも最近、SBBA（スポーツ自転車協会認証）というスポーツバイクの安全基準が規定されたが、これもENを参考にしたもので、内容はほぼENに準拠したものだ。すでにその前から日本の自転車メーカーでもENの基準で製品を開発しているところも多い。

　さらに、国際工業規格であるISOにもISO4210（自転車の安全要求事項）が発行された。これは当初、米国の米国消費者製品安全委員会CPSA（消費者製品安全法）をベースに制定されたが、2014年に日本が主体となって、ENを参考にした内容が盛り込まれるなど改定されている。さらに試験内容を増やし厳格化されることにより、現在はISOが最も充実した安全基準となり、ENも同一の試験内容となり、実質的には同一化されている。

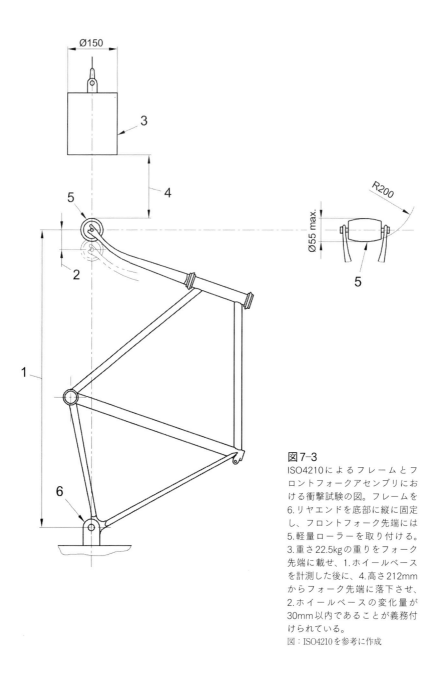

図7-3
ISO4210によるフレームとフロントフォークアセンブリにおける衝撃試験の図。フレームを6.リヤエンドを底部に縦に固定し、フロントフォーク先端には5.軽量ローラーを取り付ける。3.重さ22.5kgの重りをフォーク先端に載せ、1.ホイールベースを計測した後に、4.高さ212mmからフォーク先端に落下させ、2.ホイールベースの変化量が30mm以内であることが義務付けられている。
図：ISO4210を参考に作成

そこで、ここではロードバイクがどれだけの強度を備えているかを理解してもらうために、ISOで定められている各部品の強度にかかわる代表的な試験方法を紹介する。

　フロントフォークに関する強度試験には、静的強度試験と後方衝撃試験、曲げ疲労試験などが定められている。

　例えば後方衝撃試験は、まず22.5kgのウエイトを360mm（CFRP〔カーボンファイバー強化プラスチック〕製は640mm）の高さから落下させる。これはロードバイクにとっては、かなり大きな衝撃である。この試験では、ウエイト落下後にフォーク前端の変形量が45mm以内であることが義務付けられている。さらに第2段階としてそのまま600mmの高さからウエイトを落下させて、フォークが折損しないことも求められる。最終的にはフォークのステム部分（頂部のフレーム組み付け部）に80Nmのねじりモーメントを加えてもステムが固定されているか確認されるのだ。

　さらにこの試験内容は、フロントフォークを鉄製の頑丈なバーに換えることで、フレームの強度を測るのにも使われる。ちなみにシティサイクルの場合は、落下させる高さが180mmに軽減されている。

　曲げ疲労試験は、ボトムブラケット部分やフロントフォークに、10万回の繰り返し荷重をかけるもので、試験中や終了後にクラックや破断がないこと。さらに後方衝撃試験の第1段階を実施して、最終的な変形量が45mmであることが合格の基準となる。

　フレームに関しても様々な方法で強度試験が実施されている。代表的な試験を図で解説するが、強度を測定する試験には大きく分けて、衝撃試験と繰り返し荷重による疲労試験の2種類がある。

　衝撃試験は、文字通り指定された部分に瞬間的に大きな荷重を加えて、破壊や変形が起きないかチェックするもの。これは、完全に壊れてしまわなくても、変形の大きさに関しても限度が定められているので、素材による特性の違いが影響しにくくなっている。

　しかし、金属は繰り返しの振動によって強度が低下する、金属疲労という

ロードバイクにおける主な安全基準による試験項目

ブレーキ	手動ブレーキシステム - 強度試験
	制動性能試験
	ブレーキ - 耐熱性試験
ステアリング	ステアリングアセンブリ - 静的強度試験および安全性試験
	ハンドルバーとハンドルステムアセンブリ - 疲労試験
フレーム	フレームと前ホークアセンブリ - 衝撃試験 (荷重落下)
	フレームと前ホークアセンブリ - 衝撃試験 (フレーム落下)
	フレーム - ペダル荷重による疲労試験
	フレーム - 水平力による疲労試験
	フレーム - 鉛直力による疲労試験
フロントフォーク	フロントフォーク静的曲げ試験
	フロントフォーク後方衝撃試験
	フロントフォーク曲げ疲労試験
	ハブブレーキまたはディスクブレーキ用前ホーク
ホイール	ホイール/タイヤアセンブリ - クリアランス
	ホイール - 静的強度試験
	ホイールの保持
	ホイール - クイックレリーズ機構
	リム、タイヤとチューブ
ペダル	ペダルとペダル軸アセンブリ - 静的強度試験
	ペダル軸 - 衝撃試験
	ペダルとペダル軸 - 動的耐久性試験
	駆動システム - 静的強度試験
	クランクアセンブリ - 疲労試験
サドル	サドル - 静的強度試験
	サドルおよびやぐら - 疲労試験
	シートポスト - 疲労試験
	シートポスト - 静的強度試験

図7-4

ISO の安全基準による試験項目。
表：ISO4210 を参考に作成

現象にも注意する必要がある。それほど大きな力ではなくても、長期間に何度も荷重が加わるなど、振動による負担の積み重ねによって、金属部品は強度を低下させて、破壊につながることがある。そのために設定されているのが、疲労試験なのだ。

　ここでは主要なISOの試験項目を紹介するが、SBBAでもほぼ同様の試験が実施されている。

　ISOにはロードバイクの強度試験として28項目、それ以外にもたくさんの安全基準が設定されている。すべての規格に合格しなければ、欧州では販売することはできない。つまり、どんなに軽量でも欧州で販売されているロードバイクは、ISOもしくはENの規格にパスしているということになる。人間が自分の限界まで速く走らせようとする乗り物であるから、軽量さ以前に、十分な安全性を確保しなければならないのは当然のことである。　メーカーによっては、さらに独自の基準で自社製品にはより厳しい試験を課したり、ISOやSBBAにはない、独自の試験方法を追加したりしているところもある。

　ここで注目すべきは、激しい動きが予想されるMTBは当然としても、ロードバイクのほうが軽快車など一般の自転車よりも厳しい基準が設けられている、という点だ。軽いから弱くてもいいのではなく、スピードが出るロードバイクなので、それなりの安全性を持たせることが課されているのである。

　これはたとえ、超軽量に仕立てられたCFRP製のハンドルバーについても例外ではなく、しっかりと強度試験をパスすることが義務付けられている。CFRP製の部品は鉄やアルミなどの金属製部品と比べ、たわみが大きく衝撃吸収性に優れているが、見た目は変わらなくても本来の剛性を失っていれば、機能を維持しているとは言い難い。そのため、試験では初期のたわみからの増加量も定められている。これによってCFRP製だからといって強度試験が有利なものにならないよう、試験内容も考慮されている。

　図を見ていただければわかる通り、これだけの基準で強度試験が行なわれているのだから、体重をかけた状態で路面からの突き上げがあったとしても、

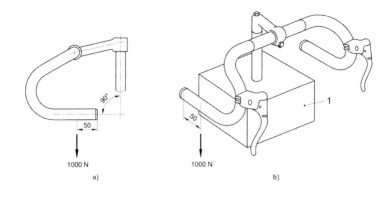

図7-5-1
ハンドルバーの試験内容図。ハンドルやステムにも強度試験と耐久試験が設定されており、基準に満たない強度の部品や完成車は販売することができない。
図：ISO4210を参考に作成

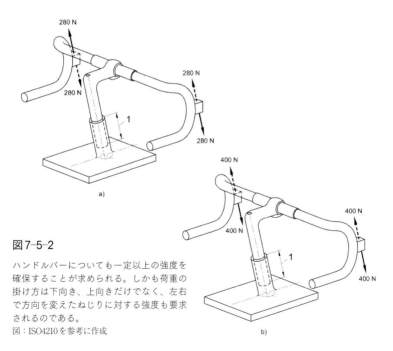

図7-5-2

ハンドルバーについても一定以上の強度を確保することが求められる。しかも荷重の掛け方は下向き、上向きだけでなく、左右で方向を変えたねじりに対する強度も要求されるのである。
図：ISO4210を参考に作成

まず安心して乗ることができるだろう。

そういった意味では、完成車でなくても、欧州で名の知れたブランドの部品であれば、ENやISOの強度試験をクリアしている製品なので、安心して使用することができる。単に素材や軽さ、価格の安さだけでロードバイクの部品を選んで装着してしまうのは、ある意味リスクを伴うことになる。

ただし、この各試験で定められている荷重などは、綿密な計算や実験によって導き出された理論的な数値ではないようだ。実際にJIS規格で自転車の強度試験を行なってきた大阪の自転車産業振興協会技術研究所の見解によれば、どうやら、これまでの自転車メーカーの経験から必要な強度がわかっており、それに安全率を掛けて数値や試験方法が定められているらしい。

それでも、ロードバイクは決して華奢で軽いだけの自転車ではなく、効率良くスピードが出せる分、必要な強度やブレーキ性能を備えている乗り物であることが、試験内容からも理解できる。

ホイールに関してはISOでも衝撃試験などは設定されておらず（議論中）、静的荷重試験しか規定されていない。しかし、完成車メーカーやホイールメーカーでは、独自の基準で強度を確保して、衝撃試験なども行なっているところもあるようだ。

ちなみに、スポーク1本の引っ張り強度は、JIS規格では2kN〜4kN（スポークの太さによる）となっている。これはkgfに換算すると、大体200〜400kgfとなる。瞬間的に大きな力を受けることがあるといっても、1本のスポークに応力が集中することはないから、十分な強度を確保するよう定めていると言っていいだろう。

しかし前述したように、金属は繰り返しの荷重を長年受け続けていると金属疲労により強度が低下してくるため、それよりはるかに低い荷重でも、スポークが破断することもあるのだ。

フロントフォークやフレームだけでなく、シートポストやクランク、チェーン、ペダルなどといった部品の強度も、ISOやJISの規格で定められている。さらに雨天時のブレーキの制動力などもすべて制動距離で定められる

ほど、かなり厳格なものだ。

　ペダルからホイールまでの駆動機構全体でも、静荷重で強度試験が定められているし、クランクの強度も疲労試験で厳格に測定することが決められている。サドルやシートポストも走行中に壊れてしまったら大変危険であるから、すべて強度を十分に確保するよう定められているのである。

4 ▶ ロードバイクの フレームにかかる 応力

　次に、フレームに発生する応力を知るため、サイクリストがロードバイクを走らせた時に、ペダルを踏み込んだ力はどのように伝わるのかを考えてみることにしよう。

　ロードバイクのプロ選手がペダリングで発揮するパワーは1300Wと言われている。これはクルマやオートバイなどのエンジンの馬力で言えば、1.7ps程度、2馬力にも満たない数値だ。それでもゴール寸前のスプリントなどでは、瞬間的には速度は70km/hに達する。　この速度からパワーの近似値を逆算すると、

　速度Vの70km/hを秒速19.5m/sに換算し、ロードバイクとサイクリストの空気抵抗Cdと前面投影面積Aから算出された空気抵抗Kaを0.18、転がり抵抗Crを0.003、サイクリストの体重とロードバイクの車重mgを70kg＝686Nとすると、

$$W＝[Ka×V^2＋mg×Cr]V　により$$
$$(0.18×19.5×19.5＋686×0.003)×19.5＝(68.4＋2.06)×19.5＝1373.97$$

となる。

　これは、クランクにトルクセンサーを取り付けて、測定されたデータから

導き出された数値とほぼ同じであるから、かなり信頼できる計算値と言える。

　短時間とはいえ、たった2馬力足らずのパワーで60km/h以上のスピードを出すことができるのは、やはりロードバイクならではの高効率ぶりによるものと言っていい。詳しくは第2章で解説しているが、やはりロードバイクの空気抵抗の少なさと、全身の筋肉を推進力に変えるライディングポジションによるところが大きいのである。

　では、そのペダルを踏むことでクランクから入力した力は、どうやって変換されていくのか順を追って考えてみよう。

　ペダルからクランクによって増幅した力は、チェーンによって後輪へと伝えられることになる。

　クランクの中心でねじりモーメントになった力は、チェーンリングによって再び力へと変換され、チェーンを引っ張ることになる。この場合、クランク中心から離れるほど、力としては小さなものになってしまう。ということはチェーンリングが大きいほど、力は小さくなってしまうのである。

　実際にペダルを踏み込むと、同じ角度だけクランクを回した場合、大きなチェーンリングはそれだけチェーンを多く動かすことになる。つまり、チェーン1コマあたりにかかる動かす力は、それだけ小さくなってしまうことになるのだ。大きなチェーンリングを回す場合にペダルが重くなるのは、それだけ大きな力が必要になる、ということなのである。

　実際には、1300Wという仕事量は、ケイデンス（ペダルを回転させる速度）と力を組み合わせた数値だ。単純に力となると、荷重と同じなので、ペダルを踏み込む力＝ペダルに重りを載せた状態と同じだと思っていい。

　ここでは話をわかりやすくするために、1300Wではなく1000Wとして考えてみよう。

　具体的には、1000Wはおよそ1.3psすなわち100kgf・m/sなので、力一杯踏み込んだ瞬間的には、100kgfの力が発生していると考えていい。その力でペダルが踏み込まれると、クランクの回転半径によって、力はねじりモーメントとなって増幅されることになる。

170mm（0.17m）のクランクと52〜53Tのチェーンリング（直径約210mm＝半径0.105m）の比によって、1.7倍に増幅されて170kgfの力になる。つまり、チェーンには最大で170kgf（実際には1300Wの場合は1.3倍の221kgfである）の力がかかっている、と考えることができるのである。

　ちなみにJISやISO、ENに定められたチェーンの引っ張り強さは、800kgfだが、実際には、ロードバイクで走行中に、チェーンが切れてしまうというトラブルが起こることがある。規格よりずっと低い数値でも、チェーンが切れてしまうのは、前述の通り金属が疲労してしまうことによって、強度が落ちていることが原因だ。

　とくに10速、11速用のチェーンは、非常に細く薄いため、高強度な炭素鋼を使って強度を確保しているが、耐久性に関しては、厚いプレートを使ったチェーンには敵わない。消耗してくれば、より伸びや破断に対して弱くなるため、やはり、寿命は細い分だけ短いということになる。

　実際にはクランクの角度によって膝の角度も変わり、筋肉が発揮できる力も変わる。それによりクランクに伝わる力が変わるため、常に100kgfの力が回転するために使われているわけではない。それに最も効率の良い足の角度でも、実際にはペダルを踏み込む力は100%クランクを回す力に変換されているわけではないのだ。

　というのも、ペダルやクランクを曲げる方向にも力が分散されてしまうので、クランクに発生する曲げ応力になっている分が、ロスになってしまうのである。それでもロードバイクがペダルを踏み込む力を、非常に効率良く前に進む力に換えていることは間違いない。

　さて、チェーンによって後輪へと伝えられた力は、スプロケットによりホイールを回転する力に変換される。フロントのチェーンリングとリヤのスプロケットの歯数の差が、ギア比、減速比となって、力と回転数が変換されるのだ。

　上り坂などではギアを軽くすることから、力を出すには軽いギアのほうがいいことはわかるだろう。しかし軽いギアで早く回して走るのと、高いギア

でゆっくり回して走るのでは、どちらのギアを選んでも出力としてはほとんど変わらない。

　というのは、前にも述べたようにパワーは仕事量であり、力×速度（回転数）なので、低いギアでペダルを早く回して出すスピードと高いギアでゆっくり回して出すスピードは、速度が同じならば、仕事量（パワー）は同じなのである。

　このことから、筋肉の質や体力によって、低めのギアでケイデンスを速く保っても、高いギアでケイデンスを抑えて走る方法でも、スピードが同じならば出力（仕事量）は同じということになる。

　厳密に言えば、体重が変われば仕事量は変わるが、ロードバイクを走らせる場合、ペダルの回転数が変わっても速度が同じであれば、仕事量は同じ、ということだ。

　ここでは、高いギアでの力の伝わりを考えてみよう。50Tのチェーンリングと12Tのスプロケットの場合減速比は0.24、つまり4倍近く回転数が増幅されて、その分だけ力は減ってしまうことになる。同じ力で漕いだ時には力が減ってしまう、ということは、やはり高いギアで漕ぐ時には、力を必要とする＝ペダルが重くなる、ということになるのだ。　チェーンを介してリヤホイールに伝えられた力は、スポークを引っ張ることでリヤタイヤを回す力になる。この時、スポークにかかる力は、選んだギアによって変わることになるが、スポークには十分な引っ張り強度があり、回転方向にはすべてのスポークに均等に力がかかる（スポークの張力が均等だとして）ので、強度面での余裕は十分にあり、まったく問題ない。むしろスポークにとって厳しいのは、やはり段差などで、スポークに衝撃荷重がかかることだろう。

　実際に後輪を回す力は、リヤのスプロケットとタイヤの外径によって、増減することになる。例えば、700Cでフロントのチェーンリングが50T、リヤのスプロケットが25Tの場合、170kgfの力を減速比0.5で伝えるため、回転数が2倍になる代わりに、トルクは半分になるので、85kgfがホイールを回す力になる。最終的にタイヤ外径の大きなロードバイクは、タイヤ1回転で進む

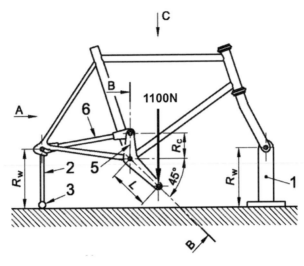

図7-6
ISOの自転車の安全要求事項には、ペダル、クランク、チェーンを介してフレームのBBやリヤエンドに掛かる力に対しての疲労試験項目もある。それによれば1100Nの荷重をペダル部分に10万回繰り返しかけて、フレームのどこにも亀裂が入らないものとなっている。
図：ISO4210を参考に作成

距離が大きな反面、減速比が小さくなるので、回すための力は小さくなってしまう。そのため、ペダルを踏み込む力を要求されることになるが、走行抵抗が少なく全身の力をペダルに込めやすい構造のロードバイクは、結果として同じ速度で走行するならペダルに込める踏力は軽くなり、同じ力で漕いでもより速く遠くまで進むのである。

　チェーンはスプロケットの歯と噛み合っているため、駆動力をロスなく伝えていると思っている人も多いだろう。しかし実際には、チェーンとスプロケットの摩擦損失など、わずかではあるが損失は存在する。新品のチェーンを適切な張り具合で使った場合、最小で1.5％程度の損失に抑えられることが、実験からわかっている。しかし、現実にはチェーンが新品状態なのは最初のうちだけで、徐々に摩擦抵抗が増えていくことになるのだ。チェーンオイルは摩擦を減らす潤滑剤であるが、摩擦による抵抗は減ってもオイルの粘

着性による抵抗もあるので、損失はゼロにはならないのである。

　できる限りサラサラとしたドライ系の潤滑剤のほうが汚れも吸着しにくく、摩擦抵抗も少なくなる。ロードバイクに乗っている人は、わずかな抵抗でも減らして、速く軽快に走りたいであろうから、チェーンやタイヤ、ホイールの抵抗を減らす工夫は、とことん追求したいはずである。

　チェーンに100kgf以上の力が加わるということは、前に進み出す寸前、クランクとリヤアクスルの間のフレームにも、同じ程度の力がかかる瞬間がある、ということになる。クランク回りに曲げ応力がかかることは想像できるかもしれないが、実はチェーンステーにもチェーンによって引っ張られるために横方向の応力が発生しているのである。

第8章

フレーム形状の動向

1 ▶ ダイヤモンドフレームからの進化に制約

　ロードバイクのフレームは、ダイヤモンド型となっているのが基本である。パイプを三角形に組み合わせることで高い強度と軽量性を両立できるだけでなく、乗る人間の体格に合わせてサイズの調整がしやすいことから、競技を目的としたロードバイクにとって、非常に合理的だったのだ。

　クロモリフレームしか存在しなかった時代は、内径1インチ（25.4mm）を基準とした細いパイプを使い、ダブルパテッド、トリプルパテッドといった薄肉加工と、添加物による合金の高強度化で実現した薄肉化により、軽量化するのが常套手段だった。

　アルミフレームが登場したのは、1980年代に入ってからのことだ。当初はクロモリ用よりも丈夫な継ぎ手を使った接着製法もあったが、溶接技術の進

図8-1
溶接技術の進歩に
よって従来は溶接加
工が難しかった素材、
異素材同士の溶接も
可能になっている。
写真はパナソニック
のチタンフレームを
TIG溶接によって生
産する様子。
写真：パナソニックサ
イクルテック

歩によりアルミパイプ同士を突き合わせて溶接することが可能になり、生産性も一気に向上した。当時のアルミバイクは、クロモリより軽量で高剛性という触れ込みで、レースで活躍するようになったのである。

　カーボンフレームも当初は接合技術が整っておらず、クロモリフレーム同様に、パイプをラグで接着して製作されており、高剛性というより軽量でしなやかな乗り味が特徴のフレームに仕上げられていた。これは、カーボンファイバー自体の高弾性化がまだ不十分であったのと、接合部分への応力集中を避けて、破壊を防ぐための措置だったと思われる。そのため、競技用としては、軽量で剛性の高いアルミ合金製フレームが主流となった時代もあった。やがて、接合部とパイプが一体となったモノコック構造のフレームが考案され、カーボンフレームは一気に軽量高剛性化を果たすのである。

　そんなダイヤモンド型モノコックフレームが登場する以前、F1マシンなどで、カーボンモノコックを製作していたロータス・エンジニアリングやフランスを拠点とする現在のタイム、ルックの祖となるTVT社が、カーボンモノコックフレームを開発し、空力特性と剛性に優れたカーボンファイバー製のロードバイクが登場する。

　これはTT（タイムトライアル）競技向けの特殊なロードバイクであったが、

図8-2
現在もトライアスロン競技の
ロードバイクではUCIの管轄外
のため、自由な形状のフレーム
が使われ、空力特性に優れた独
特なデザインのロードバイクが
販売されている。
写真：筆者撮影

従来のダイヤモンドフレームと比較すると、優位性があったのは明らかで
あった。

しかしながら、特定のテクノロジーをもつメーカーが有利になってしまう
のは、機材スポーツとしては望ましくないことから、世界のロードレースを
統括するUCI（国際自転車競技連合）によって異形フレームは禁止されること
になる。

このようにUCIによって、競技用ロードバイクはダイヤモンドフレームに
形状が限定されると、再びロードバイクのフレームは、別の方向へと進化を
始めた。その中で、様々なデザインのトレンドが生まれている。

従来の金属パイプを使ったフレームでも、ダウンチューブを細い2本の
チューブとすることで、空気抵抗の軽減を狙ったもの、楕円形や流線型断面
のチューブを使ったものなども作られてきた。しかし、カーボンモノコック
ほどの造形の自由度はないため、製作コストを価格に反映することも難しく
なり、奇抜な発想の金属フレームは徐々に姿を消していく。そして、昔なが
らの細身のパイプによる、伝統的な雰囲気のフレームに収束されていった。

それでもアルミ合金製のフレームに関しては、ハイドロフォーム成形など、
新たな製法を取り入れることにより、異形のダイヤモンドフレームを進化さ

せていくのである。クロモリやチタン製のフレームは高級感を演出しているのに対し、アルミ合金製フレームは軽量さと低価格を売りにして存在感を高めてきた。

2 ▶ スローピングフレームにより
    コンパクトで高剛性化

　長い間、ロードバイクのフレームは、トップチューブが水平なホリゾンタルフレームというデザインが踏襲されてきた（もともとのダイヤモンドフレームはこの形状であった）。

　これは、力を受け止めるトラス構造を考えれば、最も強く軽いフレームとするために考え出された合理的な構造だった。その端正なたたずまいや見た目を好むファンも多い。

　しかし、そのために、ロードバイクはサイクリストの体格に合わせてたくさんのフレームサイズを用意する必要があったのである。

　そんな状況に対応できたのが、ラグによってロウ付け溶接することでフレームを製作するという工法だったのだ。マスプロ化された大規模な自転車メーカーは、フレームサイズをある程度絞り込んでラインナップを整理する必要があったが、サイクリストの体格に合わせてオーダーメイドのフレームを製作できる工房は、ミリ単位の寸法変更も可能として、サイクリストの細かい要望に応えてきた。

　ところが台湾のジャイアントが、トップチューブを水平ではなく、後傾とするスローピングフレームという概念を打ち出し、ロードバイクのフレームを4つのサイズバリエーションだけで、ほとんどのサイクリストをカバーできるとしたのである。

　このスローピングフレームはMTB（マウンテンバイク）からの影響で派生したモノであるが、ジャイアントは当初、このフレーム形状により、空力性能

図8-3
スローピングフレームでダウンチューブにメガチューブを採用したアルミフレームの例。ダウンチューブはさらに太くなっている傾向だ。
写真：筆者撮影

が優れることをアピールしていた。結果として、この理論にはあまり意味がないことがわかるのであるが、ポジション調整の幅広さ以外にも、コンパクトなフレームにより軽量高剛性となることがわかったことで、一気に普及していく。

　そしてスローピングフレームにより、デザインの自由度が高まったロードバイクは、やがて、その自由度を生かして新たな機能を備えるものも登場した。それは、コンフォート志向のフレームである。

　当初は、従来のロードバイクフレームで、シートステーに振動吸収効果を高めた構造や素材を採用したものが登場し、そこからさらに発展するかたちで、フレームが機能に特化していった。そして登場したのは、スローピング

を強めてヘッドパイプの位置を高くすることで腕や肩、背中の負担を減らすコンフォートロードである。CFRP（カーボンファイバー強化プラスチック）製の場合はフレームの柔軟性を高めて、走行中の衝撃を吸収する効果をより引き上げている。これらは、前傾姿勢が辛い初心者には優しいロードバイクと言える。

　しかし、上半身の筋力をペダリングに生かしにくく、サドルに体重がかかりやすいため、長時間のサイクリングではむしろ足が疲れ、お尻が痛くなりやすいので、ロングライドに向いているとは言い難いモデルもある。

3 ▶ メガチューブは
　　加工技術と素材が生んだ
　　効率追求のかたち

　同じ断面積であれば、薄肉大径のパイプのほうが強度や剛性は高くなる。そのため、一番応力が発生するダウンチューブを太く薄くする「メガチューブ」という発想が生まれた。これは加工性の高いアルミ合金や、成形に自由度があるCFRP製のフレームに適していることもあって、今や完全に定着したデザインとなっている。

　ダウンチューブが太くなっているのに対して、トップチューブは細く薄くなっている。トップチューブ部分はたわむことにより、路面からの衝撃を吸収する構造になっているためである。

　ヘッドチューブは、フロントフォークのコラム径拡大による剛性アップに対応し、太く強くなっている。ヘッド小物と呼ばれるフロントフォークを支えるベアリング部分も、クロモリ時代はベアリングの内側をヘッドパイプに差し込み、ヘッドパイプの上下端に、ベアリングのアウターレースが付いたカップの先端を圧入して、ベアリング部分は外に被さるようになっていた。

　それに対し、コラム径を太くすることで、ベアリングの径も大きくなったことに対応し、ヘッドパイプ自体を大径化してベアリングを内蔵するように

図8-4
コラム径を太くしてベアリングをヘッドチューブに内蔵したインテグラルヘッドタイプの例。さらにヘッドチューブとフロントフォークの段差を無くして、空力性能を高めている。
写真：筆者撮影

して、大幅な剛性アップを図っている。カーボン製のフロントフォークの振動吸収効果と合わせて、剛性の高いヘッド回りによって、走行中の安定性は格段に向上しているのだ。

　ヘッドチューブとダウンチューブ、チェーンステーで全体を支える構造とし、トップチューブとシートステーは衝撃を吸収する構造になっているのが、今日のカーボンフレームなのである。

　そのため、シートステーは、リアホイールからの振動吸収を受け持つことが主な役割となり、あとはリアブレーキの支持剛性を確保することが、重要な役割として残る程度になってきた。そこで、ブレーキ部分までは左右を一体化したモノステーとして剛性を高めながら軽量化を実現し、ブレーキより下部分は路面からの振動を吸収する構造としているものも多い。これも高い造形の自由度や、異方性の剛性を実現できるカーボンモノコックならではの特徴と言えるだろう。

　後述するエアロードなど、機能を特化したカーボンフレームも登場しており、それぞれメーカーやブランドで特徴あるデザインを採用している。極端に細いシートステーを採用して空気抵抗を軽減し、振動吸収を高めるところもあれば、後三角を太く小さくすることで空気抵抗を軽減し、リアサスペンションとしての機能を確保するところもある。

図8-5
チタンフレームながら、メガチューブを採用している例。トップチューブとダウンチューブの太さの差は一目瞭然だ。
写真：筆者撮影

4 ▶ 最も大きな力を受ける
　　BB回りの進化

　フレームのボトム部にあって、ペダルを踏み込む力を受けるBB（ボトムブラケット）の形状も年々変化して、フレームの幅がワイドになってきた。フレーム内を貫通するシャフトが、クランクと組み合わされるテーパークランクタイプのBBは、シャフトとクランクの勘合部分に強度が要求される関係上、シャフトの重量が重くなり、長いシャフトも採用しにくい。BB回りの剛性を高めてウィップ（踏力によるBB付近のフレームの一時的な変形）を防ぐためにも、ワイドなBBを実現すべく構造が工夫されてきた。

　シマノがクランクとシャフトを一体化して、ベアリングをフレームの両端

図8-6
シマノのホローテックは従来規格に合わせているため、クランクのシャフト径に制約がある。写真はホローテック規格のフレームにネジ込み式の大径BBと太いシャフトのクランクを組み合わせて剛性アップを図った例。
写真：筆者撮影

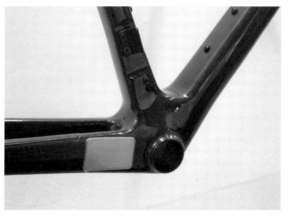

図8-7
圧入タイプのBBを採用しているフレームは、BB部分は定められた寸法に穴が空いているだけで、BBを圧入することでクランクを支える。何度も打ち変えるより、何年かで乗り換える競技用らしい設計思想だ。
写真：筆者撮影

にマウントするホローテックを開発、中空シャフトによる軽量化とワイドなBBによる高剛性を両立させて、この構造が一気に広まった。その後は様々なロードバイクメーカーが、最善のBBを目指してホローテックを発展させるような形で、様々な規格のBBを開発し採用している。

　従来のBBが両端からねじ込んで固定していたため、ホローテックでは既存のフレームでもアップデートできるように、その雌ねじを利用して取り付ける構造としている。そうしたネジ込み式以外にも、フレームに圧入するタ

イプのBBが登場し、フレームのボトム部を拡大して大口径シャフトを使ったワイドなBBを設定するフレームメーカーが登場した。さらに、軽量高剛性化を進めてきたのである。

5 ▶ カーボンフォークにより
　　安全性、快適性が大幅向上

　フロントフォークにおいても、そういった進化の傾向は顕著に表われている。フロントフォークの素材がカーボンファイバーとなったことにより、走行安定性と快適性を大幅に高めることが可能になった。

　以前のクロモリフォークも振動を吸収してくれる。しかし、金属製のフロントフォークの場合、振動の吸収性を考えて先端に行くほど細くしているが、前後方向と左右方向で大きく剛性を変化させることはできないため、振動の吸収性を高めることは難しい。

　ところがCFRP製のフロントフォークは造形と積層、さらに素材の弾性率を組み合わせることにより、特定の方向だけを剛性を低く柔軟性をもたせることが可能なため、狙った性能をかなりの実現性で製品化できるのである。

　強度に優れ、しかも振動や衝撃を吸収してくれるCFRP製のフロントフォークにより、ホイールの負担も減らせることになり、剛性を高めた軽量なホイールを衝撃に耐えるようにサポートできるようになったのだ。

　さらに、前述の造形の自由度の高さは、空気抵抗を軽減できるような形状も両立できることになった。クロモリ時代は、パイプメーカーが提供するフォークをそのまま使うか、クラウン部分を組み立てる程度だったものから、メーカー各社で、理想的なデザインのフロントフォークをフレームに組み合わせるようになった。これも現代のカーボンフレームの特徴である。

　また、クロモリ製やチタン製のフレームであっても、フロントフォークには、振動吸収性の高いカーボンフォークを組み合わせるケースが一般的だ。

図8-8
CFRP製フロントフォーク
の例。鋭い形状で空気抵抗
を減らしつつ、前後の衝撃
吸収性を備え、全体として
は高い剛性を確保している。
写真：筆者撮影

6 ▶ エアロ形状が
  どこまで進化していくか

　シートポストの形状も、クロモリ時代は真円断面の細いものばかりだった
が、アルミ時代に大径化が図られ、様々な外径のシートポストが登場した。
さらに、カーボン時代になり、断面形状もより自由度が増す。具体的には、
水滴型の断面となって、空気抵抗の低い形状を追求する傾向になってきたの
である。

　ただし、これは規格化されているものではないことから、フレームに合わ
せた専用品であることが多く、サイクリストがフレームやサドルとの組み合
わせを選べるものではなくなってきている。

　カーボンフレームになってからは、ISP（インテグラルシートポスト）と呼
ばれるフレーム一体型のシートポストも登場した。これはシートポストがフ
レーム内に刺さっている部分がなく、フレームと完全結合しているため、軽
量で高剛性となる。

図8-9
エアロ形状のシートポスト
の例。当初は流線型やティ
アドロップ（水滴）型だった
が、最近は前方が尖ってい
て後端が平らな写真の船型
も登場している。
写真：筆者撮影

　しかし、サイクリストが自分のポジションに合わせるためには、ISPを自
分のポジションに合わせてカットする必要があり、一度カットしてしまうと
後からサドル高を高められるのは、スペーサーによって微調整できる範囲だ
けに限られてしまう。

　そのため、リユースや新たな乗り方に目覚め、ライディングポジションが
大きく変わった時に対応することが難しいことなどがあるため、完全に競技
志向で、フレームは消耗品と考えるサイクリストの一部が選ぶ仕様になり、
現在では再び差し込み式のシートポストが主流になっている。

　前述の通り、現在では、ロードバイクの端正なたたずまいが美しいと人気
のホリゾンタルフレームと、機能性を優先したスローピングフレームのロー
ドバイク、そしてコンフォートロードというように細分化、多様化している
が、さらにエアロロードと呼ばれるジャンルも登場している。

　これは、TTバイクほど極端な特性は与えられていないが、通常のロードバ
イクのディメンションを保ちながら、フレームの各部に、空気抵抗を減らす
ための造形が凝らされているものだ。カーボンフレームの技術力が向上した
ことによって、ロードレースの国際規格で定められている、最低重量の6.8kg
を下回る車体が難なく作り上げられるようになったことから、軽量化よりも
空気抵抗など、その他の抵抗軽減のためにデザインを優先したロードバイク

図8-10
エアロロードの例。随所に空力特性を改善するためのデザインが施されている。最近はハンドリングや乗り心地、ヒルクライム能力などオールラウンド型としての能力を高めているエアロロードや、オールラウンド型ながらエアロ性能をもつロードバイクも登場している。
写真：筆者撮影

が登場してきたのである。

7 ▶ ブレーキも車体に合わせて
　　進化してきた

　エアロロードは空気抵抗を極限まで減らすため、フロントフォークに装着されるキャリパーブレーキにも、各フレームメーカーの工夫が凝らされている。フォークの裏側に装着することで、空気抵抗を減らすことを狙ったものもあれば、短いカンチレバー式や小さいアーチの専用ブレーキを採用するこ

とで、より突起物を減らすブランドも現れた。

　ただしこれは、ブレーキの制動力性能ではキャリパーブレーキに比べて劣ることから、主流とはなっていない。リアブレーキは、チェーンステーの下側にマウントするエアロバイクも増えてきた。

　キャリパーブレーキの構造は踏襲しながらも、左右のアーチを直接フロントフォークやシートステー、チェーンステーに取り付けることで軽量化を果たすダイレクトマウント式のブレーキがエアロロードでは主流となりつつある。これは通常のカーボンロードでも採用するブランドが増えている。

　また、近年のロードバイクにおける変化としては、ディスクブレーキの普及が大きい。ディスクロードが登場したのは、UCI が車両のトレンドを作り出すことによって、ロードバイクメーカーの業績を下支えしようとしていることも理由のひとつだと言われている。真相はともかく、ディスクブレーキが、ロードバイクの可能性を広げたのは間違いないだろう。　リムを挟み込むキャリパーブレーキは、重量面では有利だが、カーボンファイバー製のリムでは摩擦熱によるトラブルの可能性に加え、多用による制動力の低下という危険性も無視できない。

　その点、ディスクブレーキはフェードによる制動力の低下の心配は少なく、雨天でも制動力の立ち上がりが良く、制動力の低下が少ない。

　他の選手と接触した時の危険性について、問題視される時期もあったが、ディスクローターにカバーを装着することで、この問題は解決されつつある。

　重量増に関しては、すでに規定重量（6.5kg）を下回る重量のカーボンバイクが難しくないことから、デメリットとは考えられなくなってしまった。

　最近では、グラベルロードというカテゴリーも確立されている。

　これはシクロクロスとロードバイクの融合とでも言うべきカテゴリーで、その名の通り、未舗装路も走れるロードバイクだ。単純に太いタイヤが履けるようにフロントフォークやシートステー、チェーンステーのクリアランスを大きく取っているだけでなく、振動の吸収性を高めていたり、安定感の高いライディングポジションとしたりすることで、砂利道を安心感高く、走り

図8-11
ディスクブレーキを備えたロードバイクの例。エアロロードとして空力特性に優れたフォルムも特徴的だ。エアロロード以外にもディスクブレーキの採用は増えている。
写真：筆者撮影

抜けることができるようになっている。路面を選ばず、自由なルート設定ができ、未舗装路を走破する楽しさと舗装路での長距離走行を両立させて、メリハリのあるツアーを実現することが可能になるのである。

　そうしたグラベルロードの登場が影響しているのか、ロングライドに適したコンフォート系のロードバイクもここへきて一層の進化を見せている。従来から、振動吸収性に優れたフレームを採用しているが、最近では、機械的なサスペンションを装備しているモデルも登場しているのである。

　フロントフォークの振動吸収性を高める構造は、以前からいくつかのブランドで見られたが、独立したサスペンション機構を搭載することは、重量増もあり敬遠されていた。しかし、よりコンフォート性を高めるため、ついに機械的なサスペンションを搭載し始めたのだ。これはコイルスプリングによ

るものと、オイルダンパーによるものがあり、オイルダンパー式は、カーボ
ンファイバーの剛性とダンパーによりホイールの動きを制御するという点に
おいて、現代のF1マシンのサスペンションの考え方に近いものがある。

　これによって走行中の安定感を高めたり、衝撃時の筋肉の緊張を軽減した
りして、疲労を少なくすることを実現しているのだ。

　さらに、タイヤサイズの対応性を高めて、ホイールを交換するだけでオー
ルラウンド系ロードからグラベルロードにまで、幅広い使い方ができるよう
なロードバイクも登場してきた。

　このようにロードバイクにおいて、軽量化や高速化は、もはや限界に到達
しつつあるが、ロードバイクファン層の購買意欲をそそる新たな方向性を、
ロードバイクメーカーは毎年のように提案し、市場に刺激を与え続けている
のである。

第9章

ロードバイクの
最近の進化

1 ▶ フレームにアルミ合金、
　　CFRP導入で超軽量化

　元々、ロードバイクは競技用として生まれたロードレーサーから、様々な
バリエーションモデルが派生したことによって発展することで、幅広い人に
楽しんでもらえるスポーツバイクの一大カテゴリーになった。まずはロード
レーサーを日常的に乗れるものとすることで、普通の自転車よりも速く遠く
へ行けるスポルティーフが登場し、荷物を積み込み、長い日数をかけて旅す
ることができる頑強な作りのランドナーというモデルが生まれた。こうした
進化の姿は、クルマと通じるものがある。まずは動く機構を実用化したクル
マが生まれ、競技によってレーシングカーが発達し、実用的なセダンや商用
車が進化していく一方でスポーツカーが誕生し、レーシングカーとともに進
化していくことで性能向上を果たしてきた。ロードバイクもスポルティーフ

よりロードレーサーに近い構成のファーストランが誕生し、変速機の多段化やブレーキの制動力アップ、ギアシフトの操作性向上といった技術や機能の進歩を続けてきたのである。

　ロードバイクの本流としては90年代に入ってから、マウンテンバイクがブームとなったことで、自転車の機械部分が複雑化し、素材も製法も多様な技術が導入されていったことが、ロードバイクにも影響を及ぼすことになる。アルミフレームが一般的になり生産性が高まったことで、以前は一部の愛好家だけが乗っていたロードレーサーから、ロードバイクというスポーツサイクルの中でも独立したカテゴリーを確立するまでに成長を遂げたのである。

　前章でも述べた通り、台湾のジャイアントがスローピングフレームをロードバイクにも導入して、フレームの自由度が高まったことにより、ロードバイクのバリエーションが広がっていく。トップチューブが水平なホリゾンタルフレームではシート位置を下げることが難しいが、後方に向かって下降するスローピングフレームでは、サイクリストの体格に合わせてフレームサイズを柔軟に対応できるようになり、なおかつ、乗車姿勢の自由度を高めることができるようになったのだ。

　本来、ロードバイクは、体格に合わせてベストなポジションに調整することで、全身の筋力を推進力に変え、長距離を効率良く走れるようになっているが、普通の自転車と比べ前傾姿勢でサドルが高いポジションは、初心者には不安定になりやすく、長時間の走行は肩やお尻に痛みが生じやすい。

　そこで、ヘッドチューブを高くしてハンドルの位置を上げ、サドルの位置を下げることで前傾姿勢を軽減したコンフォートタイプのロードバイクが登場した。クロスバイクに近いライディングポジションで乗れることから、ロードバイクが容易なものとなって、サイクリング初心者を多く呼び込むことに貢献した。

　そんなコンフォートタイプのロードバイクも登場する一方で、従来の幅広い走りにバランスの取れた性能を誇るオールラウンド型のロードバイクも進化していく。よりロードレーサー的になって、走る以外の機能を削ぎ落とし

図9-1
ロングライドに特化したコンフォートタイプのロードバイクの例。エンデュランス（耐久レース）に使える性能を備え、振動吸収性などを高めることにより、遠くまで速く到達するための性能を追求している。
写真：筆者撮影

ていったが、同時により遠くまで走るために快適性を向上させ、走行抵抗の削減を進めていくのである。これは、カーボンファイバーをフレーム素材にすることやホイールのスポーク数やリム形状などを工夫することにより、大幅に向上を果たす。それにより、競技志向のロードバイクもやはりカーボンファイバーをフレーム素材とすることで大幅な軽量化と剛性向上により走行性能を飛躍的に向上させるのである。かつてクロモリ全盛のロードレーサーが主流だった時代は、10kgを切れば驚異的な軽量モデルで、欧州の名門ブランドのトップグレードが誇る性能だった。しかし、カーボンファイバーに

図9-2
台湾メーカーの独自ブランドにより、従来の高級ロードバイク並みの性能を備えたモデルがリーズナブルになってきた。写真は完成車で20万円台半ばの台湾メーカーによるカーボンフレームのロードバイクである（ホイールやサドル、クランク等は変更されている）。2012年の発売時点ではかなりコストパフォーマンスに優れていたが、そこから年々価格競争が進み、今では10万円台後半で手に入るカーボンフレームのロードバイクも珍しくない。
写真：筆者撮影

よるフレーム製作のノウハウが蓄積されると、たちまち驚異的なスペックのロードバイクが各ブランドから発売されるようになる。

　2010年頃までは、CFRP（カーボンファイバー強化プラスチック）製のフレームは50万円以上の完成車のみに採用される仕様であったが、下請けである台湾の自転車メーカーによる量産技術の開発によりコストダウンが進んだことと、価格競争の激化によって、低価格化が進み、現在は10万円台からCFRP製フレームのロードバイクが選べるようになった。その結果、名門メーカーのアルミロードバイクと台湾ブランドのカーボンロードバイクが同価格帯で市場に並ぶこととなったのである。

2 ▶ 軽量化の次は空力特性へ、エアロロードの登場

　その後、軽量化はロードレースの最低重量を容易に達成できるようになると、競技志向のロードレーサーでも、軽量化以外の要素で走行性能を向上させることに技術開発の力が注がれるようになる。それがエアロロードと言われるジャンルで、そのルーツはロードレースのタイムトライアルに使われるTTバイク（タイムトライアルバイク）である。短い区間をいかに速く走り切るかということに特化したロードバイクは、オールラウンド型のものよりも大胆なデザインで、いかにも空気抵抗が少なそうなフォルムに仕立て上げられている。基本的に平坦なコースに設定されることから、重量や乗り心地より、空気抵抗や走行安定性のための剛性を重視しているのが特徴となっている。トライアスロンのバイク競技でも同様のロードバイクが使われることが多かったが、ロードレースでは、軽量性や振動の吸収性など、アップダウンのある山岳コースや1日300km走行する環境を考慮した性能が要求されるため、オールラウンド型のロードバイクが使われてきた。しかし軽量化により、最低重量の6.5kgを容易に下回るほどになると、余剰分のウエイトをその他の性能向上のために利用するようになる。それが空力性能の向上のためのデザイン、という訳なのである。

　エアロロードは5年ほど前から登場したカテゴリーだが、当初はエアロ性能を重視するあまり、ハンドリングや乗り心地などが犠牲になっているモデルも見受けられた。そのため、シートポストに振動を吸収させる機構を盛り込んだものなど、従来のロードバイクには見られない工夫で快適性を確保したモデルもあった。しかし、ロードバイクメーカーは年々改良を重ね、空力性能を高めながらもハンドリング性能や振動吸収性を向上させ、オールラウンド型としての性能を持つエアロロードも登場している。そのため、現在で

図9-3
エアロロードの例。これは非常にシンプルで端正なフォルムに仕立てられているが、ブランドによってはよりタイヤや各パーツとの継ぎ目部分を一体化させた、大胆なフォルムに仕立てられたロードバイクも登場している。
写真：筆者撮影

はロードレースのトップチームがオールラウンド型ではなく、エアロロードをレースマシンに選択するケースも増えてきた。平均速度が高いロードレースでは、集団で走行していても、空力性能を重視する時代になってきたのである。

ブランドによっては、ヒルクライムに特化した超軽量なクライムモデルも用意されている。比較的速度が低く、軽量性を最重視した繊細なイメージのデザインとなっており、完全にヒルクライム競技に特化したモデルで、ヒルクライム競技に出場しているアマチュアレーサー、あるいは、自己の鍛練とともにより高性能なロードバイクによってヒルクライムの自己記録更新に挑むサイクリストに選ばれるロードバイクとなっている。

一方でロングライドに特化したモデルは、振動の吸収性を高めるため、シートステーやフロントフォークに低弾性のカーボンファイバーを採用する

図9-4
カーボンフレームのロード
バイクでありながらリアサ
スペンションを備えた例。
機械的な機構を追加するこ
とによって衝撃吸収性を高
めているだけでなく、電子
制御でロック機構を備える
ことにより力強く踏み込ん
だ時のペダリング剛性を両
立させている。
写真：筆者撮影

とともに、振動の減衰を促す素材を挟み込むことで安定性を高めながら、効果的に走行中に受ける衝撃を解消させる構造へと進化している。さらに、機械的なフロントサスペンション機構を取り入れるモデルまで登場し、ロードバイクのロングライド性能は、昔と比べて大幅に高まっている。

　ブルベと呼ばれる長距離走破イベントは、24時間に500kmを走り切るような過酷な内容も珍しくないが、オールラウンド型のロードバイクで挑戦する猛者もいれば、ロングライド用のロードバイクを活用して身体の負担軽減を図る頭脳派も存在する。そんなユーザーたちにとって、最新のロードバイクは非常に魅力的な武器なのである。

　また、アウトドア用品の小型軽量化や、インターネットによる位置情報や天気予報、宿泊予約までスマートフォンひとつで可能となった現代では、ロングライドや自転車による旅行で宿泊を伴うようなシーンでも、昔と比べてはるかにコンパクトなパッケージを実現できるようになった。以前は、荷物を満載したランドナーが自転車旅のイメージであった。また、スポルティーフやファーストランと呼ばれた、小さなキャリアや泥除けなどを備えた車体に、ドロップハンドル内にちょうど収まるフロントバッグ、そしてリアキャリアにも荷物を括り付けて行く日帰りから2泊程度の小旅行は、今日ではロ

ングライド用のロードバイクとリュックやサドルバック程度でこなせている
のである。ロードバイクのほうもそれに対応した道具として進化している、
ということなのだ。

　そんな小型軽量化による軽装旅とは逆のかたちで進化したパターンもある。
前後にサイドバッグを取り付け、長期間の旅行も可能にするランドナーは、
1970年代から存在した。それが、最近ではタフなフレームに太いタイヤを組
み合せ、ガッチリとしたキャリアを備えることにより、テントや様々なキャ
ンプ道具までを満載して、長期間の自転車旅行をより一層快適にこなせるよ
うなキャンピングモデルも登場しているのである。

3 ▶ 新ジャンル、
　　人気のグラベルロードとは
　　どんな仕様か

　話は前後するが、欧州ではロードレースのシーズンオフである冬季に、半
分オフロードや障害物を設けたシクロクロスといった競技が生まれる。記録
によれば、最初の競技はフランスで1902年に開催されている。そもそもロー
ドレースのオフシーズンの練習として生まれたものであり、当初はロード
レースの選手がトレーニングがてら参加するものであったが、長い年月をか
けて独特のスポーツとして根付いていく。それによりシクロクロス用のロー
ドバイクもより軽く強く、競技に適したものへと進化していった。

　シクロクロス用のロードバイクは、オフロード走行用に太いタイヤと泥で
詰まりにくいようカンチレバー式のリムブレーキを備え、障害物や急坂など
は自転車を担いで移動するため、担ぎやすいようトップチューブの上側にリ
アブレーキのワイヤーを取り回しているのが特徴である。最近はより泥詰ま
りの少ないディスクブレーキが主流で、カーボンフレームも存在するが、強
靭さを重視しており、金属フレームが現在も主流となっている。これはタイ
ヤが太いことで走行抵抗が若干増えるため、舗装路での走行性能こそオール

ラウンド型のロードバイクと比べて劣るものの、スポーツサイクルとしての舗装路性能としては、オールラウンド型に次ぐほど優れており、最近誕生したグラベルロードという新しいタイプのロードバイクのルーツとも言えるものである。

　そのグラベルロードとは、2014年頃に登場したオフロード性能を意識したブロックパターンの太めのタイヤを履かせたモデルのこと。ランドナーやキャンピングのような積載性を追求せず、走破性と軽快性を両立させていることが特徴だ。シクロクロス用のロードバイクをヒントにしながら、マウンテンバイクとロードバイクが融合したような特性とすることで、趣味でゆったりと走る分には路面を選ばずに走れる。これはクルマでいうSUV（スポーツ・ユーティリティ・ヴィークル）のようなアウトドアの雰囲気もあり、人気を呼んでいる。

　シクロクロス用は、担ぎやすさや軽量性などを重視して前三角が大きいものの、コンパクトなフレームとしているが、グラベルロードはトップチューブの高さを抑えて、ホイールベースも長めにすることで乗りやすく安定性の高い仕様となっているものが多い。また、タイヤもシクロクロス用より太めの設定となっている。これにより、舗装路から未舗装路まで路面を選ばずに走破できることで、自然豊かなルートを自在に走れる仕様となっている。この別名アドベンチャーロードとも呼ばれる新しいタイプのロードバイクは一気に人気となり、各ブランドから発売されるようになったのである。最近ではタイヤサイズを40Cにまで拡大したモデルが続々と登場しており、前後にサスペンション機構を備えたモデルまで現れ始めた。これは金属スプリングやダンパーなどの機械的なサスペンションをもつものもあるが、リアのシートチューブとシートステーの接合部を可動式とすることで、チェーンステーとシートステーのしなりを利用してサスペンションとしているものも出現している。これはF1マシンのサスペンションにも通じるCFRP製のリーフスプリングとでもいうべき、支持と緩衝を兼ねた構造である。

　シートチューブと完全に結合しているシートステーの従来構造で衝撃吸収

図9-5-1
太めのタイヤとディスクブレーキでオフロード性能も高めているグラベルロード。より幅広いタイヤ
を装着することや、細いスリックタイヤを履かせて舗装路での抵抗を抑えることも可能だ。
写真：筆者撮影

図9-5-2
こちらはグラベルロードの元になったシクロクロス。振動の吸収性はグラベルロードほど考慮されて
おらず、上り坂や障害物を超える際に担ぎ易いようにトップチューブが高くなるようシートステーを
延長するように上に曲げられている。奥に見えるのが図8-12でハンドル部分を紹介しているグラベ
ルロードバイクの全体像である。
写真：筆者撮影

性を高めたモデルは、シートステーが細く、長年の使用により走行中の衝撃に耐え切れず、折れてしまう可能性がある。オールラウンド型やクライムモデルでも同様の問題は発生しているが、競技に使用しているサイクリストであれば、1、2年でフレームが寿命となっても惜しくないのだろう。しかしグラベルロードのようなモデルは、長年使い続けられるタフさも求められることから、華奢なシートステーによる衝撃吸収は用いられていない。グラベルロードとオールラウンダーの両方の特性を兼ね備え、タイヤホイールを交換するだけでどちらの用途にも使えるマルチロードバイクというカテゴリーも登場している。従来は空気抵抗を考え、フォークやフレームのタイヤ回りはできるだけタイトに作られていたが、オールラウンド型のロードバイクでも32mmまでのタイヤ幅に対応するようになっており、グラベルロードとの差はタイヤサイズ程度となっているのだ。

4 ▶ 電動アシスト
　　ロードバイクという
　　乗り物

　ロードバイクは、人間のもつ能力を極限まで引き出し、速く遠くまで到達できる極めて効率の高い自転車である。しかし、人間の脚力を電動モーターでアシストする電動アシストサイクルにもロードバイク版が登場している。これは一見すると矛盾を感じる乗り物とも言えなくもないが、脚力が衰えている高齢者のロードバイク初心者に対しては、有効なモデルであると言えるだろう。

　日本においては、アシストできる速度が時速25kmまでと定められているため、巡航時の速度で25kmを上回れば、モーターによるアシストが切れてしまうので、脚力がついてくるようになれば、平地では発進からの加速時のみアシストしてもらうことで、巡航に入るまでの時間は短縮できる。そして速度が25kmを下回るような登坂路では、アシストの恩恵は大きいだろう。

図9-6
ロードバイク型の電動アシスト自転車の例。クランク部分にモーターを組み込んでいるケースが多い
が、これはリアハブにモーターを内蔵している。そしてバッテリーはダウンチューブに内蔵されるよ
うになっており、見た目にもスタイリッシュだ。
写真：筆者撮影

　欧州ではeバイクと呼ばれ、マウンテンバイクを中心に流行しており、自転車メーカーではなかった電子電気機器メーカーもeバイクを開発し、販売に乗り出している。ロードバイクの特徴である前傾姿勢とドロップハンドルは、モーターアシストによる駆動力があれば、それほど必要性のない要素とも言える。シティサイクルやアップダウンの多い悪路を走破するマウンテンバイクにこそ、電動モーターによるアシストの恩恵は大きく、今後もeバイクはそれらのカテゴリーが主流になって発展していくことであろう。

第10章

コンポーネントの
進化の歴史

1 ▶ 変速機登場後も
　競技へは
　なかなか実戦投入されず

　ロードバイクが今のように確立される前は、フレーム形状だけでなく、各部のメカニズムも一般的な自転車と大差ないものであった。それでも、その当時の最新のメカニズムが奢られていた。

　現在でも変速機構のない、ピストバイクが販売されて一定の支持を受けているが、ロードバイクの初期はこの変速機構のないシングル構造であった。

　やがてチェーンで連結されていない側のハブにもスプロケットが装着され、走行条件によってリアタイヤを脱着、向きを変えて取り付けることにより減速比を変更して、再び走行したのである。

　ツール・ド・フランスの初期はこうしたマシンで戦われており、おそらくギア比を変更する地点が休憩所も兼ねていて、小一時間のインターバルを取

図10-1
変速機構を持たないロードバイクの例。ピストバイクとも呼ばれるもので、フラットバーハンドルは
ストリート系のバイクとして今も人気がある。シンプルでタフなことから米国ではメッセンジャーた
ちが愛用するバイクともなっている。
写真：筆者撮影

ることを前提に走行するペースが組み立てられていたと思われる。

　1920年代には外装の3段変速機構が考案されて、自転車に搭載されていた
が、耐久性や信頼性において万全とは言い難く、競技に耐えるものではな
かったようである。また当時、ツール・ド・フランスの主催者は、効率の向
上する変速機は女性や子供が使うものとして選手には使わせようとしなかっ
たという逸話もある。しかし、50年代になると外装5段でクランクを逆回転
させることにより変速する機構が登場すると、ツール・ド・フランスでも普
及し始める。だが、この頃でも優勝するのはシングルのハブを使ったチー
ム・選手であった。

　シングルはチェーンラインがきれいな直線でチェーンの剛性も高く、伝達
効率に優れる。フリーハブ機構を備える必要がなく、クランクとホイール

は直結されることになり、一定以上の回転になるとホイールの慣性力がペダルを回す力をアシストすることも、変速機付きにはない有利な点であった。ロードバイクの他の部分の性能追求が進んでおらず、変速機構によるメリットを生かしきれなかったこと、さらに機材の信頼性、耐久性を優先してシングルを選択するチームも依然として多く、変速機組と一緒に走ることで競い合い、選手の身体能力が引き上げられていったようである。

2 ▶ カンパニョーロが
コンポを発明、
シマノが続く

　ロードバイクの変速機構は確実に進歩を重ね、実戦で使えるものとして信頼性、耐久性が高められていった。当時は、変速機はフランスのユーレー、ハブはカンパニョーロ、ブレーキはユニバーサルといったように、パーツごとに特化したブランドから選別して組み付けるのが、ロードバイクを扱う専門店やロードレースを戦うチームのメカニックが行なう仕事であった。

　ところがカンパニョーロが1959年にグループセットと呼ぶコンポーネントを発表し、変速機やハブ、クランク、ブレーキなどの品質を統一したことによりロードバイクの性能が大幅に向上した。

　そして1962年にリアディレイラーとして「レコード」を発表すると、その後グループセットとしてレコードを完成させて、ロードバイクの機械部分の性能を一気に引き上げたのである。

　その結果、長期間の使用においても正確性が保たれ、ツール・ド・フランスなどの長距離レースでも優位性を発揮するようになったのである。

　それでも、変速時はチェーンの音を聞きながらシフターの微調整を行なうことが必要で、ロードレースを戦う選手たちは、いかに素早く最適な位置にレバーを合わせるかというテクニックが要求されたのであった。

　そんな不便さを解決したのが、シマノが1983年に登場させたインデックス

システムSISである。これは高い精度により、レバーの位置とディレイラーの位置を一致させることで、決まった位置にレバーをシフトするだけで、変速が完了するようにしたもの。サイクリストの負担が減った分、自転車をメンテナンスするメカニックの仕事はシビアな調整が必要とされるが、そこはプロの腕前の見せ所であった。さらに、ワイヤーの微調整機構も追加されて、正確さと整備性も高めていった。

それと同時期に開発されたのが、シマノのロード用コンポーネントにおける最高峰グレードであるデュラエース（DURA-ACE）である。デュラエースの開発テストには、ツール・ド・フランスなどの指折りの過酷なロードレースが選ばれた。つまり、実戦投入により耐久性や信頼性が鍛え上げられたのだ。ちなみにデュラエースというネーミングの由来は、アルミ合金としては当時最高の強度を誇ったDuralumin（ジュラルミン）とシマノの「エース」であるという意味がこめられている。

実際、デュラエースの素材にはジュラルミンをふんだんに使い、鍛造製法も取り入れられることで、強く軽い部品を実現している。クランクには鍛造ながら中空構造というシマノでしかできない特殊な製法も編み出され、さらなる軽量高剛性を誇ることでブランドイメージを確立することに成功した。

ともあれデュラエースの登場によって、ロードバイクのクオリティは著しく高まった。その結果、機材スポーツとしてロードレースは一気に進化することになったのである。

その後、ロードバイクの変速機構は2×5からリアが7速、8速へと多段化が進んでいく。多段化すれば、効率が高まるように思えるが、そのためにはリアのスプロケットの枚数を増やさなければならず、従来のチェーンのままではハブの幅を増やすか、スプロケット以外のハブ幅を狭める必要がある。そこで、シマノやカンパニョーロといったコンポーネントメーカーは、チェーンの強度アップによりナロー化するとともに、スプロケット幅を増やして多段化を実現したのだ。

こう書けば、ことは簡単そうに思われるかも知れない。だが実際には

図10-2
コンポーネントの例。カンパニョーロ・スーパーレコードのグループセット（カンパニョーロはコンポーネントをこう呼ぶ）。クランクが2セットあるのは、チタンシャフトの特別仕様も展示しているためだ。完組みホイールが登場するまでは、ホイールのハブもセットに含まれていた。
写真：筆者撮影

チェーンの強度を高めるための製法や素材の開発、コンマ1ミリ単位のスプロケットセットの構造など、実に緻密で高度な設計と精度の高い生産設備、それを生かし切る作業員の技術があってこそ実現できたものであった。

3 ▶ ブレーキレバーに
シフターを組み込んだ
革命的進化

ロードバイクは、クロモリ時代は職人の技と勘で完成度を高めていたが、工業技術の高まりとともに部品の精度は高まり、変速機構は多段化を実現したのである。

ブレーキもセンターピボットのキャリパーブレーキが、長い間使われてきた。その他にもカンチレバー式から発展したデルタ式と呼ばれるタイプなど、

図10-3
シマノのデュアルコントロールレバー。105シリーズのものだが、機能的には上位グレードとほぼ変わらない。外側の銀色のレバーは手前に引くと従来通りブレーキレバーとして機能するが、横に倒すとシフトダウン（左側レバーはフロントディレイラー用なのでシフトアップ）、シフトアップする際には内側の黒いレバーを倒し込む。
写真：筆者撮影

様々なアイデアに満ちたリムブレーキが誕生しては消えていった。

　シマノは開発を続け、変速機構とブレーキにそれぞれ画期的なシステムを実現する。デュアルコントロールレバーの登場である。シマノ・インデックス・システム（SIS）によりシフトレバーを微調整する必要はなくなったものの、シフト操作の度に片手をハンドルから離すことになるのは、ペダルを踏み込む力が十分に込められないことになるのは変わらなかった。

　そこでシマノは、ドロップハンドルのブレーキレバーにシフト操作の機能を組み込むことを考えつく。握り込めばブレーキがかかる従来のブレーキレバーを横に倒すことによってシフト操作が行なえれば、ハンドルバーから手を離さずともギアシフトを実現できる。これがデュアルコントロールレバーの仕組みである。そのためにブレーキレバーを改良し、従来のブレーキの操作はそのままに、レバーを内側に倒すことでシフトダウンできる機構を組み込み、さらにブレーキレバーの内側にもう1つレバーを追加して、それを内

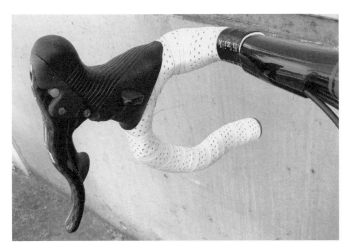

図10-4
カンパニョーロのエルゴパワー。ブレーキレバーはそのままで、内側の小さなレバーを内側に倒し込むとシフトダウン、一気に何段もシフトダウンしたい時には大きく倒し込む。シフトアップはブラケット内側にあるスイッチを親指で押し込む。
写真：筆者撮影

側に倒すことでシフトアップできるようにした。

　このデュアルコントロールレバーの開発は、当時のツール・ド・フランスなどのロードレースの現場でも行なわれ、実戦で使えるものとなるまで何度も改良が繰り返された。そうして試作品を使ってもらい、その効果を確かめながら開発を続け、1990年についにデュラエースのコンポーネントとしてデビューを果たす。1991年にはデュラエースが7410シリーズへとマイナーチェンジされ、STI（シマノ・トータル・インテグレーション）というコンポーネントの新システムの核として、デュアルコントロールレバーは発売されたのである。

　実際のロードレースの現場で実用性や信頼性、耐久性などをテストしたのだが、その結果、デュアルコントロールレバーには思いもよらないメリットがあることもわかった。従来、ライバルに先んずるためのペースアップであるアタックなどを仕掛ける際には、シフト操作が伴うため、ライバルたちも

合わせられやすいという弱点があった。しかし、ハンドルを握ったまま、一気にシフト操作とともに加速することが可能なデュアルコントロールレバーにより、ライバルに先制しやすくなったのだ。

やがてカンパニョーロは、シフトアップはブラケット内側に親指で押し下げるサムシフターを採用し、ダウンシフトのみブレーキレバー内側のシフトレバーを、内側に傾けることで行なうエルゴパワーを導入するなど、シマノに対抗してブレーキレバーブラケット一体型のシフターを完成させる。小柄なイタリア人が開発したからであろう、エルゴパワーはブラケット部分がシマノ製よりも小さめで握りやすい。これは、女性サイクリストにとっても扱いやすいと好評である。

さらに、2段、3段と飛ばしシフトを積極的にできるようになっており、上位グレードではシフトアップは5段、ダウンは4段まで一気にシフトできる。しかも、インナーレバーを大きく横に倒す際にもレバーが手前に回り込むように動くため、手の平から遠くならないなど、実に良く練られた仕組みであることがわかる製品である。シマノのデュアルコントロールレバーもシフトダウンは一気に3段までできるようになっているが、シフトアップは1速ずつしかできない（後述する電動のDi2は可能）ため、競技中にダンシング（立ち漕ぎ）してライバルを一気に引き離すようなアタックという戦術では、カンパニョーロのエルゴパワーほど使いやすくはないようである。

その後、シマノはモデルチェンジごとにブラケット部分を小型化したり、レバー操作のフィーリング向上を図ったりするなどの改良を続けてきた。カンパニョーロも同様に、軽量化やフィーリング向上などの改良を施している。

4 ▶ キャリパーブレーキも
　　デュアルピボット化で進化

ブレーキでは、デュアルピボットブレーキの登場が、制動力とコントロー

図10-5
デュアルピボットブレーキ
の例。構造を支えるブラ
ケットが必要になる分、重
量面では不利になるが、制
動力は高めやすい。軽量化
と制動力の向上、コント
ロール性などが追求され、
改良が続けられている。
写真：筆者撮影

ル性を高めることに貢献した。これは、左右でリムを挟み込むアーチのピ
ボットをそれぞれ独立して設定し、アーチのレバー比を大きくすることで制
動力を高めることを実現したのである。

　しかし、フレームやフォークの台座とアーチのピボットがズレているため、
マウントするためには、ブラケットである台座とリムを挟み込むキャリパー
を別に用意する必要がある。センターピボットの従来のシングルピボット式
キャリパーブレーキは、ブラケットの必要がないため軽量であったが、絶対
的な制動力が不足していたのだ。また、ブレーキキャリパーは制動時にはブ
レーキシューがリムに押し付けられる反力で、ねじり応力が発生する。その
ため、複雑な構造となるデュアルピボットキャリパーは、剛性の確保と部品
精度の高さが要求されるため、1980年代にシマノが実用化するまでは普及し
ていなかった。

　デュアルピボットブレーキは、まず台座がフレームに取り付けられ、ワイ
ヤーで引っ張る部分とは離れた位置にオフセットされたピボットにより、レ
バー比が高められたことで制動力が格段に高まった。もう一方のアーチはセ
ンターピボットとなるが、挟み込む力が強くなったことで、制動力は高まる。
これにより、ロードバイクのブレーキは利かないものという常識は、過去の

図10-6-1　　　　　　　　　　　　　　　図10-6-2
カンパニョーロ・レコードのリアブレーキ（図10-6-1）。フロント（図10-6-2）はデュアルピボット
だが、リアはシングルピボットを採用。これによりリアはグラム単位の軽量化を追求している。
写真：筆者撮影

ものとなったのである。

　デュアルピボットブレーキの登場以降、シマノは新しいシリーズを発表する度にブレーキの剛性を高めている。そして、前作の上位グレードの機能を、次世代の下位グレードに導入するという形で開発コストを圧縮しながら、性能向上を図る合理的な技術導入で、シリーズ全体の品質向上に努めてきた。

　近年では、フロントフォークやシートステーに直接キャリパーブレーキのアーチを取り付けるダイレクトマウント式も登場した。これはベースのブラケットを不要としたことで軽量化を図ることができるのがメリットだ。

　カンパニョーロは、フロントブレーキはデュアルピボット化で追従したが、それほど高い制動力を必要としないリアブレーキには従来のキャリパーブレーキを使って、軽量性を確保してきた。それでも近頃は、前後ともデュアルピボット化した仕様も選択可能として、軽量化しつつも制動力の強化を行なっている。

図10-7-1

図10-7-2

同世代のシマノ・デュラエース（図10-7-1）と105（図10-7-2）のキャリパーブレーキ。見た目には似ているが、デュラエースはジュラルミン鍛造で肉抜きもかなり施されている。105でも制動力は十分に強力だが、デュラエースはさらに強力であるだけでなく、制動力の微妙な調整もしやすくなっている。

写真：筆者撮影

5 ▶ シマノの巧みなグレード戦略、追随するカンパニョーロ

　変速機やブレーキといった、パーツを統一したラインナップで用意するコンポーネントという考えを最初に導入したのはカンパニョーロだったが、プロ用コンポーネントのデュラエースを作り上げたシマノは、その後、ロードバイクのグレードに合わせてエントリーレベルや中級者向きといったグレードのコンポーネントを充実させていく。

　デュラエースは、素材や製法、構造なども最高レベルの技術が導入されているが、そこまでの軽量さや精度、機能などは競技志向ではないロードバイクにはオーバークオリティであり、オーバースペックである。そのため、ロードバイク初心者でも満足できるミドルグレードの「105」、高級志向やアマチュア競技者向きのアッパーミドル「アルテグラ（ULTGRA）」、さらに、低コストな「ティアグラ（TIAGRA）」、初心者向けの「ソラ（SORA）」といった

図10-8
同世代のデュラエース（右）と105（左）のクランク＆チェーンリング。105は締結のボルトが見えているのに対し、デュラエースは一体化するように隠されている。最新のモデルでは4アーム型となり、105でもボルトは隠されているが、チェーンリングまで中空構造を採用しているのはデュラエースだけである。
写真：筆者撮影

ように、ラインナップを拡充させていったのである。それはデュラエース開発で培った技術をバックボーンに、使い勝手や機能、価格をバランスさせることで、グレードごとの差別化を実現したものだった。

　例えばデュラエースのキャリパーブレーキは、語源となったジュラルミン（Duralumin）を使い、鍛造製法により軽く強い部品を製作し、可動部にはボールベアリングを用いることで、操作性や耐久性を高められている。さらに、ワイヤーなどの調整機構は競技中にも素早く調整できるような工夫が施されるなど、競技中の微調整なども想定した仕様とする工夫が随所に盛り込まれている。

　それに対してアルテグラは、ほぼ同じデザインのままアルミ合金の鍛造製部品を使い、ベアリングを省いた軸受け構造としている。そして105ではアルミ合金の鋳造製で、形状は似ているものの肉抜きなどは少なくなり、重量

図10-9-1　　　　　　　　　　　　図10-9-2

カンパニョーロのレコード。クランクアームもディレイラーもCFRP製で軽量であるだけでなく、仕
上がりの美しさも素晴らしい。すでに2世代ほど前のモデルだが機能面では最新型が優れていても、
5アームのクランクや、両プーリー間が近いショートゲージのディレイラーは、今も人気があるアイ
テムとなっている。

写真：筆者撮影

と制動力の強さ、コントロールのリニア感などは上位グレードほどではなく
なるといった具合だ。ただし、この違いはモデルチェンジしても不変、とい
う訳ではない。

　というのも、シマノは実に合理的だと思わされるのが、各グレードごとの
新型へのモデルチェンジ時の技術継承である。モデルチェンジのタイミング
などで例外はあるが、上位グレードがモデルチェンジすると、下位グレード
の新型には、従来の上位グレードモデルが採用していた技術が導入されるの
だ。これは、常に上位グレードが性能面で優位性を保ちつつも、ドミノ式に
全体がレベルアップしていくことで、グレードごとの商品力が強化され続け
るということになり、シマノの高いブランドイメージを保つことにつながる
のである。

　シマノではこの技術継承を最近、トリクルダウンテクノロジーと呼んでい

る。トリクルダウンとは富の再分配の理論のことで、さしずめデュラエースの技術を財産として、下位グレードへと再分配をしている、という解釈なのだろう。

　全体的なデザインなどのイメージは、同一世代で共通したイメージを採用しており、これがミドルグレード以下のユーザーを満足させる要素にもなっている。しかし、一見すると違いは少なそうに見えるクランクにおいても、デュラエースと下位グレードとの差は明白である。デュラエースはクランクのシャフトに強靭なクロモリ鋼を使い、薄肉にすることで軽量さも追求している。クランク自体もジュラルミンの鍛造製でシマノ独自の中空構造となっており、非常に軽量ながら高い剛性を誇っているのだ。

　レコードを作り上げたカンパニョーロも、ロードバイクの市場が拡大するにつれてラインナップを増やしている。シマノが、いわゆるママチャリからロードバイクまで幅広い自転車に変速機やブレーキなどを展開したのに対し、カンパニョーロは、主にロードバイクに特化した高級ブランドという位置付けを守ってきた。同社はシマノとは異なり、モデルチェンジ時にグレード名を変更したり、追加したりすることがあり、現在は「スーパーレコード（SUPER RECORD）」を頂点に、「レコード（RECORD）」、コーラス、ポテンツァ、ケンタウルというラインナップになっている。ただしカンパニョーロの場合は、スーパーレコードは軽量性を最重視したリッチなマニア向けのモデルで、競技志向には耐久性を重視したレコードが好まれる傾向にある。

　また、カンパニョーロは高級志向らしく、一定グレード以上にはCFRPを構造材として積極的に導入している。また近年では、完組みホイールのメーカーとしても人気で、G3（グループ3）セットと呼ぶ3本のスポークを1セットにした、不等ピッチ配列スポークのホイールがアイデンティティとなっている。ホイールに関しては次の章で詳しく解説する。

図10-10-1　　　　　　　　　　　図10-10-2

シマノ・デュラエースの電動コンポDi2。シフター（図10-10-1）はスイッチになったことで操作が軽くなりストロークが減った。さらにペダルを踏み込みながらシフト操作が行なえるようになった。これはディレイラー（図10-10-2）側の改良であるが、近年ではワイヤー式も改良が加えられ、操作性に関しては電動コンポに近付いている

写真：筆者撮影

6 ▶ 電動化がもたらす、 ギアシフト革命

　2000年代に入って、コンポーネントにまた革命的なデバイスが登場する。電動化である。シマノは2009年にデュラエースにDi2シリーズを追加、2011年にはアルテグラシリーズにも設定される。従来、ブレーキも変速操作もワイヤーを介して操作していたが、シフト操作をモーター駆動としてスイッチとバッテリーを搭載することにより、確実で素早いシフト操作を可能にしたのである。

　しかも従来のワイヤー式では、変速時にはペダルを踏み込む力を弱める必要があるのに対し、電動コンポーネントは、ペダルにトルクを掛けたままのシフト操作を可能にした。カンパニョーロもEPSという電動シフトをラインナップして、シマノに対抗してきた。電動化により、これまでワイヤー駆動により変速する場合、一方向のワイヤーの押し引きしかディレイラーを動かすことができなかったものが、モーターやソレノイドを利用することで、よ

図10-11-1　**図10-11-2**

SRAMのeタップは、無線式のコンポーネント。ブレーキはワイヤー式だが、シフト操作のためのワイヤーやハーネスは存在しない。ハンドル回り（図10-11-1）がスッキリするだけでなく、フレームにハーネスの取り回しがないため簡素になっている。電源供給のためのハーネスもなく、前後のディレイラーそれぞれにボタン電池を内蔵する（図10-11-2）。

写真：筆者撮影

り複雑な動きをさせることが可能になることも、メリットと考えられる。

　また、シマノは前後のディレイラーを連動させて、シフトダウンとアップのギア比の変動を減らせる、シンクロシフトを開発した。これにより、シフトをプログラム化することも可能になったのである。現時点では電動コンポーネントのメリットは、ワイヤーの取り回しが不要で、サイクリストの目的により、変速操作にプログラムを盛り込むことが可能になるということであるが、潜在的なメリットはまだまだ残されている。例えばまったく異なる構造の電動ディレイラーが開発される可能性がある、ということだ。

　米国のSRAMは軽量性を重視したコンポーネントを提供してきたが、シマノとカンパニョーロに次いで電動コンポのeタップを作り上げた。これはワイヤレス、すなわち無線で通信するもので前後のディレイラーはバッテリーもそれぞれ内蔵させるという構造である。操作方法もワイヤー式とは異なり、

左右のスイッチでリアのアップ＆ダウンを行ない、フロントディレイラーの
シフトは両側のスイッチを同時に押すことで行なう。フロントのギアは2段
なので変速はもう一方のギアへシフトするしかないため、これは合理的だ。
クランクなどを作ってきたイタリアのFSAも最近になって変速機を充実させ
て、同じく無線式のコンポーネントをリリースしている。

　無線式の問題点は、ロードレースの場合、他の選手のロードバイクが接近
したことで混信して誤作動してしまう可能性があることだ。ブルートゥース
ではペアリングすることで、同じ電波帯でも混信を防ぐことができるように
なっているが、数十台が一団となって走行するロードレースでは、同じ周波
数帯の電波が干渉し合うことにより、ノイズとなって無線機器の作動を不安
定にさせる可能性が出てくる。

　先ごろ、カンパニョーロはリアをついに12速へとアップデートさせた。一
方のシマノは14速までの特許を取得しているとも言われている。

　これ以上の進歩はないように思えるほど、高性能で充実した内容を誇る
ロードバイクの変速システムだが、アイデアは意外なほどあるものだ。ここ
数年の間にFSAやスペインのROTARなど欧州の自転車パーツメーカーが、
コンポーネントの提供に乗り出している。

　ROTARは、油圧式のシフターと長いケージのディレイラーを組み合わせ
て、リア13速を実現したコンポーネントを発表している。ロー側のスプロ
ケットを39Tから54Tまで大きくすることでフリーハブのスリーブ幅を超え
て、スポークの上にまでスプロケットをオーバーハングさせている。これに
より13速化を実現したのは、斬新なアイデアといえる。油圧式はディスクブ
レーキなどにも使われている伝達方法だが、ワイヤー式とは異なり、ピスト
ン径の組み合わせを考えることで、操作に必要な力や操作量を調整すること
ができる。後発だけに、差別化する狙いもあるが、これも面白い機構である。

　多段化により、フロントのシングル化という大胆な発想も登場している。
これはROTARがリアを13速化したことで変速比幅が十分に採れることか
ら、フロントディレイラーとチェーンリング1枚を廃して軽量化を図ったも

図 10-12
近年、リアの変速機構は多段化、ワイドレシオ化が進んでいる。モデルによってはロー側が3割前後
も大きなスプロケットを装着している。これにより登坂性能を高めるだけでなく、タイヤを交換して
グラベルロードに近い使い方ができるものも登場している。
写真：筆者撮影

　のである。メリットは軽量化だけではない。変速機が1つに絞り込まれたこ
とで、より柔軟で素早い変速が可能になるのだ。

第11章

ホイールの歴史と近年の進化ぶり

1 ▶ フレームの進化に合わせてホイールも進化

　ロードバイクのホイールは、大径でリムが細いことが特徴である。これは1900年頃には、すでに確立されたスタイルとなっていた。上半身の筋力もペダルを踏み込む力に変えるために前傾姿勢を強めるドロップハンドルと、細身で外径が700mmのタイヤは、この頃からロードレーサーの特徴的な装備であったのである。

　しかもアルミリムになり、チューブラータイヤを貼り付けるまでにはそれほど時間を要していない。初期にはスチールのリムも多く、また木製のリムも使われたが、強く軽いホイールを作りやすく、雨天でもブレーキ性能が確保できるアルミ合金製のリムに需要が集中するのは当然のことだった。

　スポークは細かったが、40本も使われることで強度を確保していた。そし

図11-1-1 図11-1-2

スポークをタンジェント組みしたホイールの例（図11-1-1）。スポークを交差させることで、衝撃を吸収する能力を与えながらも、高い剛性も併せ持つ（図11-1-2）。スポークが長く、数も多くなるため、重量や空気抵抗の点ではラジアル組みには敵わない。
写真：筆者撮影

て他の装備同様、シンプルで軽量化が十分に図られたロードバイクでは、この仕様が長く続くことになる。

　スポークの組み方にはタンジェント組みとラジアル組みがあり、昔はスポークを交差させることによって、強度を高めるタンジェント組みが使われていた。これは、車輪の回転方向に掛かる力は、スポークに引っ張り力となって作用することで踏ん張り、路面からの入力に対しては、力が加わった部分のスポークがたわむことで吸収する。そして横方向の剛性は、スポークの交点が互いに強度を高め合うことによって向上させている。したがって、タンジェント組みは、大きなホイールを軽量高剛性に、さらに衝撃吸収性も兼ね備えさせた構造として、非常に合理的なものだと言えるだろう。

　対して、ラジアル組みは、文字通りハブから放射状にスポークが伸びる構造で、スポーク同士の交点はない。構造上スポークの長さが短くなるため、同じスポーク数でも軽量に仕上がる。しかし、外力に対しては垂直にハブへとスポークから力が伝わるため、反対側スポークの引っ張り力で支えること

図11-2-1　　　　　　　　　　　　　図11-2-2

ラジアル組みのホイールの例。ラジアル（放射状）の言葉通り、真横から見るとハブから放射状にスポークが伸びるのが、ラジアル組みの特徴である（図11-2-1）。リアホイール（図11-2-2）は、ラジアル組みにするとチェーンの駆動力がスポークに対して曲げ応力を発生させてしまうので、スプロケット側をタンジェント組として引っ張り応力として耐えるようにしている。交差のないワイドピッチのスポークとするレイアウトを採用しているメーカーもある。
写真：筆者撮影

になり、スポークのたわみは利用できず、リムにも強度が必要となる。

　ラジアル組みは軽量ではあるが、衝撃を吸収する能力は低い。しかし、最近のロードバイクはCFRP（カーボンファイバー強化プラスチック）を活用し、特にフロントフォークは衝撃吸収性を格段に高めている。これはラジアル組みのホイールにとって、非常に相性が良いものと言える。

　さらに、CFRP製のフレームであれば、ダウンチューブが高剛性を誇る一方で、トップチューブがたわむことでも衝撃を吸収することができる。リムの剛性も高めてスポークの負担を減らすことにより、今日のロードバイク用のホイールは軽量に仕上げられているのである。

　リムの高さがあるセミディープホイールが主流となり、リムの剛性が高まるとともにスポークが短くなることで横剛性も高まる。ホイール単体で見ても、最近のホイールは、軽量高剛性で空気抵抗の軽減も図られているが、それはフロントフォークやフレームの衝撃吸収性が高まったからこそ、実現で

きたものだったのである。

2 ▶ ホイールの
空気抵抗軽減に
おける進化

　1970年代までのロードバイクでは、ホイールの空気抵抗は、あまり重視されていなかった。強度試験を始めとする解析技術や設計技術、加工技術に制限があり、それを前提にモノづくりが行なわれてきたことも背景としてある。

　さらに、クルマやオートバイは部品点数が多く、駆動系やサスペンションなど複雑な機構を組み合せて構成しているため、個々の機構がそれぞれ進化していくことで、全体としての進化が加速していった。

　それに対し、自転車、取り分けロードバイクは、素材からこだわったシンプルな部品構成ですでに軽量さを実現していたため、より進化のスピードが緩やかであった。また、クルマやオートバイのエンジンとは異なり、人間の筋力は当然ながら機械ではないため、飛躍的で均一な性能向上を果たすことは難しい。だからこそ、選手個々の能力がものを言い、筋力や心肺能力などの体力、ロードバイクを操る技術力、ロードレースを支配するための他選手との駆け引きなどが、勝負を左右するスポーツと成り得たのである。

　話をホイールの抵抗に戻そう。ホイールの抵抗には、タイヤの転がり抵抗とハブの回転抵抗、それにリムやタイヤ、スポークの空気抵抗がある。タイヤの転がり抵抗は、タイヤを細く、空気圧を高圧にすることにより、変形による運動エネルギーの損失を少なくしている。これに関しては、サイズの話も含めて後述する。

　ロードバイクのホイールが大きいのは、同じ速度でも回転数を抑えられるため、ホイールの回転による空気抵抗を減らせる効果が大きいことも理由のひとつである。

　空気抵抗に関しては、リムよりもスポークによって発生する割合のほうが

図11-3
大阪の自転車産業振興協会技術研究所に保管されているロードバイク用のホイール。スポークの数が異なるホイールの空気抵抗を計測した実験を行なった実績がある。
写真：筆者撮影

断然大きい。ホイールは回転しながら進むため、ホイールの下半分は走行風が追い風となるが、上半分は向かい風となり、風に逆らいながら、スポークが空気を切り裂きつつ前へと進んでいくのである。

　大阪の自転車産業振興協会技術研究所が測定したデータによれば、ホイールの空気抵抗は、スポークの本数に比例することがわかっている。32本のスポークより16本のスポークでは空気抵抗は半分になる。3本スポークのバトンホイールではさらに5分の1に減る（ただしスポークの形状により上下する）。ちなみにスポーク全体をカバーしたディスクホイールでは、スポーク1本分の空気抵抗しか発生しない。それ故、横風の心配がない室内のケイリン競技

図11-4-1　　　　　　　　　　　　　　　図11-4-2

カンパニョーロがG3セットと呼ぶスポークレイアウト。角度のきついスプロケット側を2本、その間
に1本のスポークを反対側のハブ側面からリムに伸ばすことで、ホイールの横剛性を確保するととも
に、チェーン駆動による回転力をスポークが引っ張り応力として耐えるように工夫している（図11-4-
1）。空気抵抗を抑えるため、2本ずつの不等ピッチとしたスポークレイアウトもある（図11-4-2）。
写真：筆者撮影

などでは、ディスクホイールを用いるのだ。

　テンションホイールと呼ばれる、アラミド繊維を束ねた糸を使って、多角
形の対角線のように張り巡らせることでハブを支えるホイールも登場した。
これは、糸を固定するために、プラスチックの樹脂で一体成型のディスクと
しているもので、軽量かつ空気抵抗に優れるのが利点だったが、横風に弱い
ことから、現在ではほとんど使われていない。

　スポークの本数については実用上、ある程度は必要だ。以前は極端に少な
いスポーク数のホイールも存在したが、現在は16本程度が最小のスポーク数
に落ち着いている。その代わり、スポークの素材や断面形状については様々
な工夫が盛り込まれている。

　ヒルクライム用の軽量なリムに組み合わされるのは、アルミやカーボン
ファイバーなどの軽量素材を使ったスポークだ。スチール製のスポークでも
素材を強化して細くして、楕円形状の断面とすることで空気抵抗を抑えたも
のもある。

　カーボンスポークの場合、リムとの結合方法や断面形状などは各社それぞ

れアイデアやノウハウがあり、軽量さや空気抵抗の低減を追求している。

　また、カンパニョーロはG3（グループ3）と呼ぶ、3本のスポークをセットにして不等ピッチとしたスポークの組み方を導入している。これは、リアのハブが変速機構により左右でスポークの取り付け位置が変わるため、横剛性のバランスを取るために角度の浅い変速機側を2本、反対側を1本として組み合せている。

　他社でもこれに倣って、3本をひと組としたスポークレイアウトを採用しているブランドもある。この不等ピッチにより空力的にも従来の等ピッチより、有利に働くと思われ、カンパニョーロは近年になって、フロントホイールにもこのG3レイアウトのスポークを採用している。

3 ▶ リム形状と素材による機能、効率の違い

　リムとタイヤの空気抵抗は、断面形状による影響が大きく、タイヤはサイズにより断面形状が決まるが、ホイールはリムの高さや断面形状により空気抵抗が異なる。リムは高いほど直進時の空気抵抗は減少するが、その反面、横風を受けた際に車体の安定性に影響を与えることになる。また、リムが高くなるほど剛性も高くなるが、重量面では不利になり、こぎ出し時や加速時の慣性重量が大きくなってしまう。

　しかし、リムをカーボン製にすることで、軽量さと高剛性を両立させることができる。ディープリムにより空気抵抗も抑えることで、より高効率なホイールに仕立てることができる。

　ヒルクライム競技など、速度よりも登坂のための軽量化が求められるシーンでは、空気抵抗の少ないリムより、とにかく軽量なリムが要求される。そのためリム高さは控えめで、表面の形状も凹凸を減らして空気抵抗を抑えるよりも、軽量高剛性を追求したデザインとなっている。

図11-5-1　　　　　　　　　　　　　　図11-5-2
空気抵抗を抑えるためにスポークに工夫を凝らした例。CFRP製の一体型スポークをCFRP製のリ
ムと組み合せ、スポーク断面を薄い板状にすることで空気抵抗を抑えている（図11-5-1）。リムとス
ポークをCFRPで一体成型しているモノコック型のホイールもある。こちらは日本のメーカーによる
試作品（図11-5-2）。
写真：筆者撮影

　最近では、軽量かつ空気抵抗にも優れるセミディープタイプのリムが主流
となりつつある。これは35mmから40mm程度のリム高さで空気抵抗の低さ
と横風の影響を抑え、スポーク数を16本程度までにすることでも空気抵抗を
軽減している。

　平地でも速く、横風に強く、なおかつカーボンリムでより軽量さを追求し
た高級品は、ヒルクライムなどの登りにも使えるという万能性によって、競
技指向のハイアマチュアモデルとして人気を博している。

　軽量化と空力性能の向上を果たすカーボンリムのディープホイールの場合、
キャリパーブレーキでは、アルミ合金製のリムと比べると、硬度が低いカー
ボンリムは専用の柔らかいブレーキシューを使ってリムの摩耗を防ぐ必要が
ある。このため、どうしても制動力が不足気味になってしまう。そこで、リ
ム外周部分のみアルミ合金製とするハイブリッドタイプのカーボンホイール
も存在する。

　また、カーボンリムではタイヤの脱着時にエッジに負担がかかることから、

図11-6
カーボンリムにディスクブ
レーキを組み合せたホイール
の例。ハブ中心の穴が大きい
のはスルーアクスル用のホ
イールだからである。
写真：筆者撮影

ビード部の硬いチューブレスタイヤを組み合せることは難しい。そのため、
チューブ一体型でリムに貼り付けて使用する昔からあるチューブラータイヤ
と、700Cと呼ばれる細いクリンチャータイヤの2種類のタイヤ用のリムが用
意されることが多い。

　さらに最近は、チューブの代わりにシーラントを注入することでチューブ
レス化を実現する、チューブレスレディと呼ばれるタイプのタイヤホイール
セットも登場し、急速に普及が進んでいる。これに関しては後述する。

　また、ディスクブレーキも、ロードバイクの間で普及してきた。これによ
り、カーボンリムでも安定して強い制動力が発揮できるのは、大きなメリッ
トだろう。リムに摩擦熱が発生しないことから、カーボンリムの耐久性向上
にも貢献できるようである。

　重量面ではキャリパーブレーキのほうに分があるが、タイヤのワイドサイ
ズ化に伴って、高い制動力を要求される状況になってきており、ロードレー
スのプロチームではディスクブレーキを採用する比率が年々高まっており、
現在はほとんどのチームがディスクブレーキを利用している。

4 ▶ タイヤはサイズアップの一方で 軽量化も進む

　最近のホイールはリム幅が太くなり、それに伴ってクリンチャータイヤでは、標準タイヤサイズが23Cから25Cへとサイズアップされている。これによって転がり抵抗が軽減できるほか、ブレーキやコーナリング時のグリップが増大する。それでいて空気抵抗の増大はほとんどないため、デメリットはわずかな重量増程度である。

　それもタイヤ自体の軽量化によって、以前の23Cと比べ、最新タイヤの25Cは同程度の重量となっている。以前はタイヤの軽量性と空気抵抗から23Cが選ばれていたが、チューブレスの普及もあり、25Cサイズの軽量化も進んでいるのである。同銘柄の23Cと比べればわずかに重いが、それ以外のメリットの方が重量増のデメリットを上回るのだ。

　さらに最近の研究で、23Cより25Cのほうが転がり抵抗が少ないことがわかったことが大きい。これはタイヤにかかる荷重が同じ場合、25Cのほうが接地面の前後長が短く、タイヤの変形量が少なくなるため、転がり抵抗が減少するからである。

　さらに最近は、一層のワイド化が進んでおり、28Cを採用するロードバイクも増えている。フレームによっては32Cまで対応するようになり、それに伴ってタイヤメーカーもロードバイクのタイヤサイズをワイド化させている。コーナリング時やブレーキング時の安定感、グリップ力の向上による速度向上は、重量増や空気抵抗の増大があってもメリットになることもある、ということのようだ。

　ただし32Cとなると、重量増や空気抵抗の増大も影響するため、効率は低下する。今後、さらに技術革新が進めば、32Cでも軽量で転がり抵抗の少ないタイヤが開発されるようになり、その他のデメリットを差し引いても競技

図11-7
標準で700×28Cサイズのタ
イヤを履くロードバイクも登
場してきている。近い将来、
25Cでも細いタイヤというの
が常識になりそうだ。
写真：筆者撮影

でも使われるようになるだろう。

　タイヤに関しては、オートバイ同様にチューブレス化したタイヤが10年ほど前に登場している。チューブレスタイヤは軽量というだけでなく耐パンク性に優れ、ロードバイクの場合チューブとタイヤ内側、ホイール内側との摩擦による転がり抵抗がなくなるというメリットもある。

　ただし、ビード部とリムが密着することで気密性を確保するため、ビード部が硬くなっており、万一パンクするとタイヤの脱着作業はチューブ入りのタイヤに比べて難しいため、チューブラー同様、チューブレスも競技用として使われるケースがほとんどとなっている。パンクした場合はホイールごと交換するよう準備済みで、そもそもパンクしにくいことから、パンクによるタイムロスを防ぐ効果が期待できることが、競技用として利用される理由である。

　また、前に少し触れたが、ここのところ、チューブレスレディというタイプのタイヤホイールも登場している。これは、ホイールにタイヤを組んだ後に、シーラントを注入してタイヤ内側とリムの隙間を塞ぎ、チューブレス化を実現するものである。チューブレスタイヤよりタイヤの組み換えがしやすく、コストが抑えられるというメリットがある。しかも、シーラントにより万が一釘などが刺さっても、空いた穴をシーラントが塞いでくれるため、耐

パンク性に優れるというメリットもある。

　ただし、シーラントを含めれば、クリンチャーと比べ軽量に仕上げることは難しい。しかし、耐パンク性と乗り心地の良さから、急速に普及が進んでいる。

　難点はシーラントの銘柄によっても変わってくるが、その耐久性がタイヤの寿命より短いことである。4カ月程度でシーラントを入れ替える必要があるのは、いささか保守性が悪く、4カ月でタイヤを使い切るほどヘビーに走り込む競技参加者か、メンテナンスの頻度の多さを厭わないユーザー以外は手を出しにくいと言える。

　ともあれ、現在のロードバイクは、チューブラー（チューブ一体型）、クリンチャー（チューブ入り）、チューブレス、チューブレスレディと、4種類ものタイヤホイール構造が選べる状態になっている。

5 ▶ ハブの構造も近年、
　　　進化してきた

　ハブはホイールの中心にあって、スポークを支えて車体と結合させる部品である。ハブは車体に装着されるため、固定部分と回転部分の間に軸受けがある。ボールベアリングが組み込まれているが、そこにもハブやホイールメーカー各社に、それぞれの工夫がある。

　昔はハブとリム、スポークそれぞれを専門に製造するメーカーがあったが、ハブはコンポーネントで提供するようになり、やがてスポークやリムも用意して完成したホイールとして提供するようになった。この完組みホイールを専門に提供するホイールメーカーも登場し、現在はリムを製造して他社製のハブと組み合せて完組みホイールとして販売するメーカーもあり、ホイールの種類も非常にバリエーションに富んでいる。

　ハブのベアリングについては、カップ＆コーン式と呼ばれるものが古くか

ら使われてきた。これは、レースとボールが独立した部品で構成されており、定期的にグリスを交換して、クリアランスを調整することで、ベストな状態を維持することができる。ボールベアリングはクリアランスが広いとガタ付きが生じ、狭いと回転抵抗が増えて、レースやボールの摩耗にもつながり、ゴロゴロとした感触が出てしまう。メンテナンスの頻度は比較的多くなるが、自分好みの回転抵抗や回転フィールにこだわる人々には支持されている。

　定期的に調整することで、ベストな状態を維持できるカップ＆コーン方式に対し、シールドベアリング方式はメンテナンスの頻度を大幅に減らし、長期間にわたって良好なコンディションを維持し続けることができるようになっている。

　これはボールベアリングのインナーレースとアウターレース、ボール、ボール同士の間隔を維持するリテーナー（保持器）という構成にグリスを加えて、全体をシールで覆って、グリスの流出や異物の混入を抑えることにより、長期間、潤滑性能を維持することができる。ただし、調整することはできず、グリスが劣化したり、ボールやレースの摩耗により隙間が拡大してガタ付きが出たりして、慴動面が荒れて異音などが発生した場合は、ベアリング全体を交換することになる。

　さらに、ベアリングのボールにスチールよりも硬度の高いセラミックを使い、転がり抵抗を減らしたハブも登場している。セラミックボールは鋼球より硬いことから、より摩擦損失を減らすと考えられてきた。しかし、実際に荷重をかけて回転抵抗を計測したところ、ほとんど差がないことが判明している。これは、ボールだけをセラミックにしたところで、レースの精度や使用するグリスの粘性抵抗など、その他の要素次第で転がり抵抗は左右されるからである。

　ちなみにボールベアリングの世界シェアは、日本製メーカーの3社を合計すると、北欧やドイツなどを上回り世界一を誇る。日本製のベアリングが高いシェアを持つのは、何よりも精度の高さが群を抜いていることが理由と言える。ベアリングのボール生産には、生産技術や熟練職人の感覚などの長年

図11-8-1　　　　　　　　　　　　　　　図11-8-2

従来のカップ＆コーン式のベアリングを採用したハブの例（図11-8-1）。外観からはわからないが、シマノは自分好みに調整可能なカップ＆コーン式を採用し続けている。最近増えているのがシールドベアリング採用のハブである（図11-8-2）。

写真：筆者撮影

の経験によるノウハウが大きく影響しており、日本のベアリング用ボールは、レースの精度に合わせて寸法を調整することができるほど、高い精度を誇っている。

　ハブによりホイールを車体に固定する手段としては、クイックリリースレバーが長く使われ続けている。

　これは、ハブの中心にシャフトを通し、車体の前後フォークエンド部をシャフト両端で挟み込むことによって固定している。また、シャフト端部片側のレバー可動部が偏心しており、レバーを倒し込むことによってシャフトが引っ張り込まれることで、フォークエンドを締め付ける。

　クイックリリースレバーは偏心したピボットにより、レバーを引き起こすだけで緩み、さらに回転させて緩めて、ホイールを車体から取り外せる。組み付けも、最後はレバーを倒し込むことで確実に締め付けられる。

　パンクした場合に素早くホイール交換ができるため、プロチームでも利用しているクイックリリースだが、最近は新たな固定方法としてスルーアクスルも登場している。

　スルーアクスルは、クイックリリース方式による細いシャフトがフォーク

図11-9
スルーアクスルとディスクブレーキをもつロードバイクの例。レバーを回転させてアクスルを抜き取ってホイールを交換する。剛性が高く、安定感に優れるだけでなく、回転抵抗もより少なくできるのがスルーアクスルのメリットだ。
写真：筆者撮影

図11-10
剛性が高く、回転抵抗を減らせるスルーアクスルが普及してきただけでなく、リヤホイールの支持方法にも変化が現れてきた。幅広い使い方ができるグラベルロードでは、目的に合わせてホイールベースを調整できる機構を搭載したモデルまで登場してきているのだ。
写真：筆者撮影

エンドを両脇から挟み込むのに対し、太いアクスルをフォークに貫通させて剛性を高める構造を採用したものである。ホイールの脱着はクイックレバーほどスピーディには行えないが、支持剛性は確実に高まり、締め付けた際にも、フォークエンドの開口部によってハブに掛かる外力が偏ることがないため、ハブの歪みを解消できることから、より精度の高いハブとなって回転抵抗を軽減することにつながるメリットがある。

　これは、MTBのダウンヒルマシンで使われた構造をロードバイクへと応用したもので、剛性を高めることを目的に開発された構造である。ロードバイク用には、剛性と軽量性のバランスを取る目的でメーカーによって、3種類ほどアクスル太さが違っているが、いずれは統一されて規格化されるであろう。

　カンパニョーロが1927年に発明して、同社を躍進させた原動力ともなったクイックリリースレバーに代わるホイール保持機構がようやく登場したという意味でも、このスルーアクスルの登場は興味深い。

　最近は、強力な制動力を誇るディスクブレーキの普及もあり、フレームやホイールにも従来とは異なる力の加わり方が起こるようになってきた。それに合わせてロードバイクの構造も変化してきているのである。

■参考文献

David Gordon Wilson *Bicycling Science* THE MIT PRESS 2004

仲沢　隆『ロードバイク進化論』枻出版社　2010年

服部四士主『自転車の科学』講談社　1982年

ふじいのりあき『ロードバイクの科学』スキージャーナル　2009年

近藤政市『二輪車の力学』自転車技術研究所　1962年

トム・アンブローズ著　甲斐理恵子訳『50の名車とアイテムで知る図説自転車の歴史』原書房　2014年

『ヴィンテージロードバイク―ロードバイク100年の歴史』枻出版社　2003年

マックス・グラスキン著　黒輪篤嗣訳『サイクル・サイエンス　自転車を科学する』河出書房新社　2013年

■協力（順不同）

一般財団法人 自転車産業振興協会 技術研究所
一般財団法人 自転車普及協会 自転車文化センター
株式会社グラファイトデザイン
株式会社シマノ
株式会社東京アールアンドデー
サイクルモード・インターナショナル
パナソニック サイクルテック株式会社
ブリヂストンサイクル株式会社
マツダ株式会社

おわりに

　本書の執筆を思いついたのは、もう10年も前のことだ。本業である自動車ジャーナリストとしてクルマ関連の記事を書きながら、並行してロードバイクについての取材と執筆を進めていた。そのさなか、思いもよらないことが起こった。2011年3月11日の東日本大震災である。震災時に被災地でのガソリン不足が大きな問題となり、ますます低燃費自動車への社会的要求も高まったこともあって、ロードバイクの本は中断して、エコカー技術に関する単行本を刊行することになったのだ。結果として、ここで一度刊行予定は消滅してしまった。

　しかし、その後もロードバイクの取材は続けていた。そしてグランプリ出版会長の小林謙一氏、社長の山田国光氏のおかげもあり、ふたたび刊行に向けて執筆を始められたのである。

　ところが、今度は世界的な新型コロナ禍である。すでにほとんどの取材は終えていたとはいえ、全国に緊急事態宣言が発出となり、外出自粛、イベント中止による影響も少なくなかった。原稿を書き進めて、脱稿が見えた頃に再度取材に行こうと思っていた自転車文化センターとその別館である科学技術館内の自転車広場は臨時休館となり、歴史的な自転車を収録することは難しいかと思われた。

　しかし、自転車文化センターのスタッフの方々のご尽力で、所蔵自転車の画像を提供してくださることになり、本書に収録することができた。自転車文化センターの皆様に感謝申し上げたい。

　自転車産業振興協会　技術研究所の坪井所長にも本当にお世話になった。取材時の対応から、ISO規格の確認、貴重なご自身の資料をご提供いただくなど、同氏のご協力を得られなければ、この本は成り立たなかった。この場を借りてお礼申し上げたい。さらには、取材でお世話になったメーカー各社の皆様にも深く感謝申し上げる。

　そして本書の担当編集者である木南ゆかり氏の手綱捌きが絶妙であったことも記さねばならない。これまで30年もの間、様々な編集者と仕事を共にしてきたが、彼女ほど著者に筆に向かわせるモチベーションを保たせ、適確に要望を伝えてくる編集者はそうはいない。日々の仕事に押し潰されそうになりながらも、隙間時間を捻り出して筆を進ませられたのは、すべて氏のおかげと言っていい。

　前述のように何度も困難に直面しながらも諦めずに熟考して執筆を進めて、ようやく刊行の運びとなったことは、文字通り感慨無量の心境である。あらためて、関係者の皆様に感謝申し上げる。

高根英幸

〈著者紹介〉

高根英幸（たかね・ひでゆき）

1965年東京生まれ。芝浦工業大学工学部機械工学科卒。日本自動車ジャーナリスト協会（AJAJ）会員。これまで自動車雑誌数誌でメインライターを務め、テスターとして公道やサーキットでの試乗、レース参戦を経験。現在は『日経Automotive』、『モーターファンイラストレーテッド』、『クラシックミニマガジン』など自動車雑誌のほか、Web媒体では「ベストカーWeb」、「日経X TECH」、「ITmediaビジネスオンライン」、「ビジネス＋IT」、「MONOist」、「Response」などに寄稿中。企業向けのドライバー研修事業を行なう「ショーファーデプト」でチーフインストラクターも務める。近年では、自動車だけでなく自転車、とくにロードバイクの素材や製法、メカニズムなどについて取材、理系ならではの解説に定評がある。

著書に『カラー図解でわかる　クルマのハイテク（サイエンス新書）』『エコカー技術の最前線』（ともにSBクリエイティブ）、『図解カーメカニズム基礎講座 パワートレーン編』（日経BP）がある。

ロードバイクの素材と構造の進化	
著　者	高根英幸
発行者	山田国光
発行所	**株式会社グランプリ出版** 〒101-0051　東京都千代田区神田神保町1-32 電話03-3295-0005㈹　FAX 03-3291-4418
印刷・製本	モリモト印刷株式会社
組版	閏月社